PyTorch 深度学习

Deep Learning with PyTorch

[印度] 毗湿奴 · 布拉马尼亚（Vishnu Subramanian）著
王海玲 刘江峰 译
李昉 审校

人 民 邮 电 出 版 社
北 京

图书在版编目（CIP）数据

PyTorch深度学习 / (印) 毗湿奴·布拉马尼亚
(Vishnu Subramanian) 著 ; 王海玲, 刘江峰译. -- 北
京 : 人民邮电出版社, 2019.4（2023.12重印）
ISBN 978-7-115-50898-0

Ⅰ. ①P… Ⅱ. ①毗… ②王… ③刘… Ⅲ. ①机器学
习 Ⅳ. ①TP181

中国版本图书馆CIP数据核字(2019)第037875号

版权声明

◆ 著　　[印度] 毗湿奴•布拉马尼亚(Vishnu Subramanian)
译　　王海玲　刘江峰
审　校　李　昉
责任编辑　傅道坤
责任印制　焦志炜

◆ 人民邮电出版社出版发行　　北京市丰台区成寿寺路 11 号
邮编　100164　　电子邮件　315@ptpress.com.cn
网址　http://www.ptpress.com.cn
北京虎彩文化传播有限公司印刷

◆ 开本：800×1000　1/16
印张：13.25　　2019 年 4 月第 1 版
字数：238 千字　　2023 年12月北京第20次印刷

著作权合同登记号　图字：01-2018-7758 号

定价：55.00 元

读者服务热线：(010) 81055410　印装质量热线：(010) 81055316
反盗版热线：(010) 81055315
广告经营许可证：京东市监广登字 20170147 号

内容提要

PyTorch 是 Facebook 于 2017 年初在机器学习和科学计算工具 Torch 的基础上，针对 Python 语言发布的一个全新的机器学习工具包，一经推出便受到了业界的广泛关注和讨论，目前已经成为机器学习从业人员首选的一款研发工具。

本书是使用 PyTorch 构建神经网络模型的实用指南，内容分为 9 章，包括 PyTorch 与深度学习的基础知识、神经网络的构成、神经网络的高级知识、机器学习基础知识、深度学习在计算机视觉中的应用、深度学习在序列数据和文本中的应用、生成网络、现代网络架构，以及 PyTorch 与深度学习的未来走向。

本书适合对深度学习领域感兴趣且希望一探 PyTorch 究竟的业内人员阅读；具备其他深度学习框架使用经验的读者，也可以通过本书掌握 PyTorch 的用法。

序

在过去的几年里，我一直与 Vishnu Subramanian 共事。Vishnu 给人的印象是一位热情的技术分析专家，他具备达到卓越所需的严谨性。他对大数据、机器学习、人工智能的观点很有见地，并对问题和解决办法的前景进行了分析和评价。由于与他关系密切，我很高兴能以 Affine 首席执行官的身份为本书作序。

要想更成功地为财富 500 强客户提供深度学习解决方案，显然需要快速的原型设计。PyTorch 允许对分析中的项目进行快速原型化，而不必过于担心框架的复杂性。借助于能更快交付解决方案的框架，开发人员的能力将发挥到极致。作为一名提供高级分析解决方案的企业家，在团队中建立这种能力是我的首要目标。本书中，Vishnu 将带领读者了解使用 PyTorch 构建深度学习解决方案的基本知识，同时帮助读者建立一种面向现代深度学习技术的思维模式。

本书前半部分介绍了深层学习和 PyTorch 的几个基本构造块，还介绍了关键的概念，如过拟合、欠拟合以及有助于处理这些问题的技术。

在本书后半部分，Vishnu 介绍了最新的概念，如 CNN、RNN、使用预卷积特征的 LSTM 迁移学习、一维卷积，以及如何应用这些技术的真实案例。最后两章介绍了现代深度学习体系结构，如 Inception、ResNet、DenseNet 模型和它们的集成，以及生成网络如风格迁移、GAN 和语言建模等。

因为有了所有这些实用案例和详细的解释，对想要精通深度学习的读者，本书无疑是最佳的图书之一。今天，技术发展的速度是无与伦比的。对于期待开发成熟的深度学习解决方案的读者，我想指出的是，合适的框架也会推动合适的思维方式。

祝本书所有读者可以快乐地探索新世界！

祝 Vishnu 和本书取得巨大的成功，此乃实至名归。

Manas Agarwal

Affine Analytics 公司联合创始人兼 CEO

印度班加罗尔

作者简介

Vishnu Subramanian 在领导、设计和实施大数据分析项目（人工智能、机器学习和深度学习）方面富有经验。擅长机器学习、深度学习、分布式机器学习和可视化等。在零售、金融和旅行等行业颇具经验，还善于理解和协调企业、人工智能和工程团队之间的关系。

献辞

献给 Jeremy Howard 和 Rachel Thomas，感谢他们对我写作本书的鼓励，感谢家人对我的爱和关心！

致谢

如果没有 Jeremy Howard 和 Rachel Thomas 的 fast.ai 的启发和网络公开课，本书就不可能面世。感谢他们为普及人工智能/深度学习所做的工作。

审稿人简介

Poonam Ligade 是一名自由职业者，专注于大数据工具，如 Spark、Flink 和 Cassandra，以及可扩展的机器学习和深度学习方面的工作。她也是一位顶级的 Kaggle 核心作者。

译者简介

王海玲，毕业于吉林大学计算机系，从小喜爱数学，曾获得华罗庚数学竞赛全国二等奖。拥有世界 500 强企业多年研发经验。作为项目骨干成员，参与过美国惠普实验室机器学习项目。

刘江峰，重庆大学软件工程硕士，专注于物流、旅游、航空票务、电商等垂直技术领域。曾在上市公司内带领团队与去哪儿、途牛、飞猪平台在机票、旅游方向有项目合作。目前在任职公司主要负责带领攻坚团队为公司平台深度整合人工智能、数据决策的多项平台应用。

译稿审稿人简介

李昉，毕业于东北大学自动化系，大学期间曾获得“挑战杯”全国一等奖。拥有惠普、文思海辉等世界 500 强企业多年研发经验，随后加入互联网创业公司。现在中体彩彩票运营公司负责大数据和机器学习方面的研发。同时是集智俱乐部成员，并参与翻译了人工智能图书 *Deep Thinking*。

前言

PyTorch 以其灵活性和易用性吸引了数据科学专业人士和深度学习业者的注意。本书介绍了深度学习和 PyTorch 的基本组成部分，并展示了如何使用可行方法解决真实问题，以及一些用于解决当代前沿研究问题的现代体系结构和技术。

本书在不深入数学细节的条件下，给出了多个先进深度学习架构的直观解释，如 ResNet、DenseNet、Inception 和 Seq2Seq 等，也讲解了如何进行迁移学习，如何使用预计算特征加速迁移学习，以及如何使用词向量、预训练的词向量、LSTM 和一维卷积进行文本分类。

阅读完本书后，读者将会成为一个熟练的深度学习人才，能够利用学习到的不同技术解决业务问题。

目标读者

本书面向的读者包括工程师、数据分析员、数据科学家、深度学习爱好者，以及试图使用 PyTorch 研究和实现高级算法的各类人员。如果读者具备机器学习的知识，则有助于本书的阅读，但这并不是必需的。读者最好了解 Python 编程的知识。

本书内容

第 1 章，PyTorch 与深度学习，回顾了人工智能和机器学习的发展史，并介绍了深度学习的最新成果，以及硬件和算法等诸多领域的发展如何引发了深度学习在不同应用上的巨大成功。最后介绍了 PyTorch 的 Python 库，它由 Facebook 基于 Torch 构建。

第 2 章，神经网络的构成，讨论了 PyTorch 的不同组成部分，如变量、张量和 `nn.module`，以及如何将其用于开发神经网络。

第 3 章，深入了解神经网络，涵盖了训练神经网络的不同过程，如数据的准备、用于批次化张量的数据加载器、创建神经架构的 `torch.nn` 包以及 PyTorch 损失函数和优化器的使用。

第 4 章，机器学习基础，介绍了不同类型的机器学习问题和相关的挑战，如过拟合和欠拟合等，以及避免过拟合的不同技术，如数据增强、加入 dropout 和使用批归一化。

第 5 章，深度学习之计算机视觉，介绍了卷积神经网络的基本组成，如一维和二维卷积、最大池化、平均池化、基础 CNN 架构、迁移学习以及使用预卷积特征加快训练等。

第 6 章，序列数据和文本的深度学习，介绍了词向量、如何使用预训练的词向量、RNN、LSTM 和对 `IMDB` 数据集进行文本分类的一维卷积。

第 7 章，生成网络，介绍了如何使用深度学习生成艺术图片、使用 DCGAN 生成新图片，以及使用语言模型生成文本。

第 8 章，现代网络架构，介绍了可用于计算机视觉的现代架构，如 ResNet、Inception 和 DenseNet。还快速地介绍了可用于现代语言翻译和图像标注系统的 encoder-decoder 架构。

第 9 章，未来走向，总结了本书所学内容，并介绍了如何紧跟深度学习领域的最新潮流。

最大化利用本书

本书除第 1 章与第 9 章之外，其他章节在 GitHub 库中都有对应的 Jupyter Notebook，为了节省空间，可能未包含运行所需的导入语句。读者应该可以从该 Notebook 中运行所有代码。

本书注重实际演示，请在阅读本书时运行 Jupeter Notebook。

使用带有 GPU 的计算机有助于代码运行得更快。有些公司如 paperspace 和 crestle 抽象出了运行深度学习算法所需的大量复杂度。

资源与支持

本书由异步社区出品，社区（https://www.epubit.com/）为您提供相关资源和后续服务。

配套资源

本书提供如下资源：

- 本书源代码；
- 本书彩图文件。

要获得以上配套资源，请在异步社区本书页面中点击 配套资源 ，跳转到下载界面，按提示进行操作即可。注意：为保证购书读者的权益，该操作会给出相关提示，要求输入提取码进行验证。

提交勘误

作者和编辑尽最大努力来确保书中内容的准确性，但难免会存在疏漏。欢迎您将发现的问题反馈给我们，帮助我们提升图书的质量。

当您发现错误时，请登录异步社区，按书名搜索，进入本书页面，点击“提交勘误”，输入勘误信息，点击“提交”按钮即可。本书的作者和编辑会对您提交的勘误进行审核，确认并接受后，您将获赠异步社区的 100 积分。积分可用于在异步社区兑换优惠券、样书或奖品。

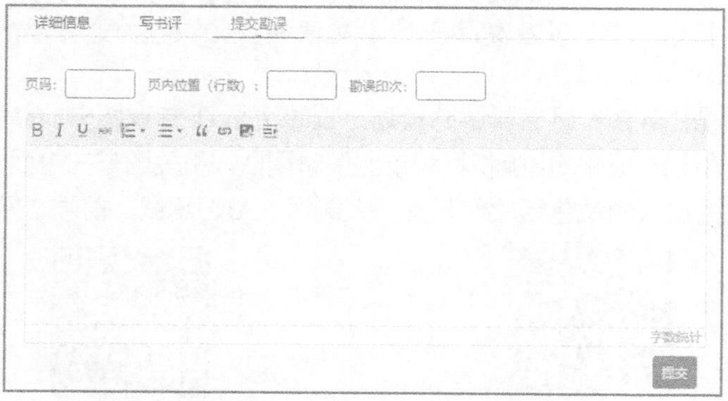

扫码关注本书

扫描下方二维码，您将会在异步社区微信服务号中看到本书信息及相关的服务提示。

与我们联系

我们的联系邮箱是 contact@epubit.com.cn。

如果您对本书有任何疑问或建议，请您发邮件给我们，并请在邮件标题中注明本书书名，以便我们更高效地做出反馈。

如果您有兴趣出版图书、录制教学视频，或者参与图书翻译、技术审校等工作，可以发邮件给我们；有意出版图书的作者也可以到异步社区在线提交投稿（直接访问 www.epubit.com/selfpublish/submission 即可）。

如果您是学校、培训机构或企业，想批量购买本书或异步社区出版的其他图书，也可以发邮件给我们。

如果您在网上发现有针对异步社区出品图书的各种形式的盗版行为，包括对图书全部或部分内容的非授权传播，请您将怀疑有侵权行为的链接发邮件给我们。您的这一举动是对作者权益的保护，也是我们持续为您提供有价值的内容的动力之源。

关于异步社区和异步图书

“异步社区”是人民邮电出版社旗下 IT 专业图书社区，致力于出版精品 IT 技术图书和相关学习产品，为作译者提供优质出版服务。异步社区创办于 2015 年 8 月，提供大量精品 IT 技术图书和电子书，以及高品质技术文章和视频课程。更多详情请访问异步社区官网 https://www.epubit.com。

“异步图书”是由异步社区编辑团队策划出版的精品 IT 专业图书的品牌，依托于人民邮电出版社近 30 年的计算机图书出版积累和专业编辑团队，相关图书在封面上印有异步图书的 LOGO。异步图书的出版领域包括软件开发、大数据、AI、测试、前端、网络技术等。

异步社区

微信服务号

目录

第 1 章 PyTorch 与深度学习

深度学习改变了很多产业，吴恩达（Andrew Ng）曾在他的推特上这样描述：

Artificial Intelligence is the new electricity！（人工智能犹如新型电力！）

电能的应用曾为无数行业带来了巨变，如今人工智能也将带来同样的震撼。

人工智能和深度学习虽然经常被当成同义词使用，但实际上这两个术语有本质的区别。我们会从专业的角度解释这两个术语，作为业内人士的你就可以像区分信号和噪声一样区分它们。

本章将讲解人工智能的以下内容：

- 人工智能及其源起；
- 现实世界中的机器学习；
- 深度学习的应用；
- 为何要研究深度学习；
- 深度学习框架 PyTorch。

1.1 人工智能

现今每天都有很多人工智能的文章发表，并且在最近两年愈演愈烈。网络上关于人工智能的定义有几种说法，我最喜欢的一个是，通常由人完成的智能任务的自动化。

1.1.1　人工智能发展史

1956 年，约翰·麦肯锡（John McCarthy）主持召开了第一次人工智能的学术会议，并创造了人工智能这个术语。然而早在此之前，关于机器是否会思考的讨论就已经开始。人工智能发展初期，机器已经可以解决对于人类比较困难的问题。

例如，德国制造了在第二次世界大战后期用于军事通信的恩尼格玛密码机（Enigma machine）。阿兰·图灵（Alan Turing）则构建了一个用于破解恩尼格玛密码机的人工智能系统。人类破译恩尼格玛密码是一个非常有挑战性的任务，并往往会花费分析员数周的时间。而人工智能机器几个小时就可以完成破译。

计算机解决一些对人类很直接的问题，却一度非常艰难。如区分猫和狗，朋友对你参加聚会迟到是否生气（情绪），区分汽车和卡车，为研讨会写纪要（语音识别），或为你的外国朋友将笔记转换成对方的语言（例如，从法语转成英语）。这些任务中的大多数对于我们都很直接，但过去我们却无法通过给计算机硬编码一个程序来解决这类问题。早期计算机人工智能的实现都是硬编码的，如可以下棋的计算机程序。

人工智能发展初期，许多研究人员相信，人工智能可以通过对规则硬编码来实现。这类人工智能称为符号人工智能（symbolic AI），它适于解决明确的逻辑性问题，然而对于那些复杂的问题，如图像识别、对象检测、语言翻译和自然语言的理解等任务，它却几乎无能为力。人工智能的新方法，如机器学习和深度学习，正是用于解决这类问题的。

为更好理解人工智能、机器学习和深度学习的关系，我们画几个同心的圆圈，人工智能位于最外层，人工智能最早出现，范畴最大，然后向内是机器学习，最后是驱动今天人工智能迅速发展的深度学习，它位于另两个圆圈内部，如图 1.1 所示。

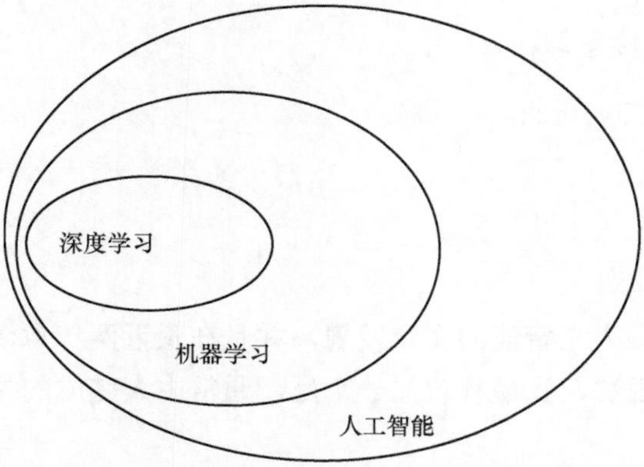

图 1.1　人工智能、机器学习和深度学习的关系

1.2 机器学习

机器学习是人工智能的一个子领域，它在过去 10 年变得非常流行，这两个词有时会交换使用。除机器学习外，人工智能还包括很多其他的子领域。与通过对规则进行硬编码的符号人工智能不同，机器学习系统通过展示大量实例来构造。从更高层面上说，机器学习系统通过检视大量数据得出可以预测未见数据结果的规则，如图 1.2 所示。

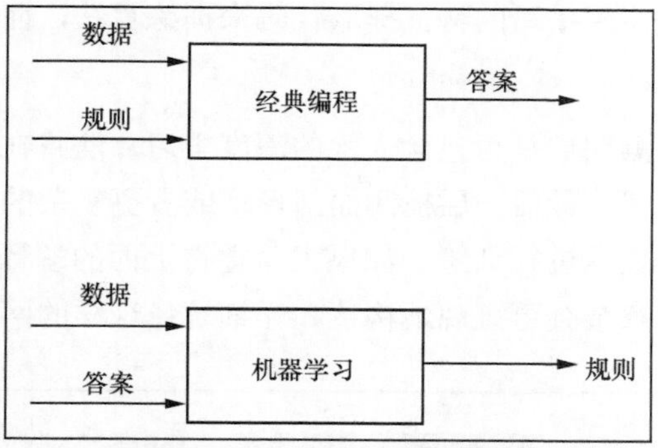

图 1.2 机器学习对比传统编程

大多数机器学习算法在结构化数据上运行良好，如销售预测、推荐系统和个性化营销等。所有机器学习算法中都涉及的一个重要方面是特征工程，数据科学家花费大量时间来获取机器学习算法运行的正确特征。在某些领域，如计算机视觉（Computer Vision）和自然语言处理（Natural Language Processing，NLP），因为具有较高维度，特征工程非常具有挑战性。

直到现在，由于诸如特征工程和高维度方面的原因，对于使用经典机器学习技术（如线性回归、随机森林等）来解决这类问题的机构都非常具有挑战性。考虑一张大小为 224×224×3（高×宽×通道）的图片，其中 3 表示彩色图片中红、绿、蓝色彩通道的个数。为了在计算机内存中存储这张图片，对应的矩阵要包含 150,528 个维度。假设要基于 1000 张 224×224×3 大小的图片构建分类器，维度就会变成 1000 个 150,528 大小。机器学习中一个被称为深度学习的特别分支，让我们得以借助现代技术和硬件解决这些问题。

1.2.1 机器学习实例

下面是使用机器学习技术实现的出色应用。

- 例 1：Google Photos 使用了机器学习中的一类深度学习照片分组（deep learning for grouping photos）技术。
- 例 2：推荐系统，这是一类可用于推荐电影、音乐和产品的机器学习算法，很多大公司，如 Netflix、Amazon 和 iTunes 都在使用。

1.3 深度学习

传统机器学习算法使用手写的特征提取代码来训练算法，而深度学习算法使用现代技术自动提取这些特征。

例如，一个用于预测图像是否包含人脸的深度学习算法将在第一层检查边缘，第二层检测鼻子和眼睛等形状，最后一层检测面部形状或者更复杂的结构（见图 1.3）。每一层都基于前一层的数据表示进行训练。如果大家觉得上面的解释理解起来有些困难，请不要担心，本书的后续章节会更直观地构造和详细解释这样的网络。

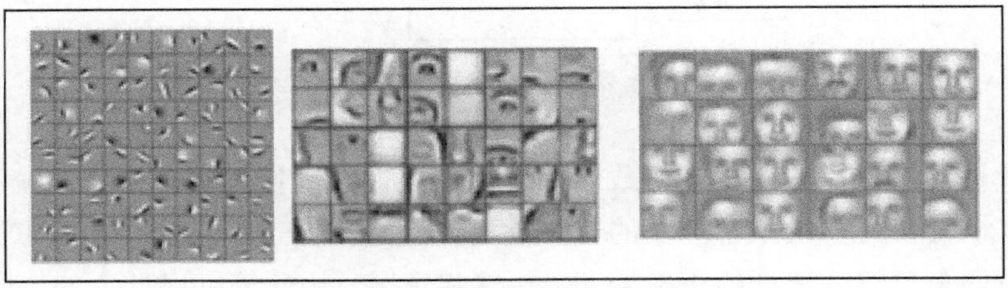

图 1.3　中间层的可视化输出

得益于 GPU、大数据、云提供商如 Amazon Web Services（AWS）和 Google Cloud，以及 Torch、TensorFlow、Caffe 和 PyTorch 这些框架的出现，深度学习的应用在过去几年出现了巨大的增长。除此之外，一些大型公司还分享了已在庞大的数据集上训练好的算法，因而使得后来者可以经过很少的改动就能够以几种用例为基础构建最先进的系统。

1.3.1 深度学习的应用

深度学习一些流行的应用如下：

- 接近人类水平的图像分类；
- 接近人类水平的语音识别；

- 机器翻译；
- 自动驾驶汽车；
- Siri、Google 语音和 Alexa 在最近几年更加准确；
- 日本农民的黄瓜智能分拣；
- 肺癌检测；
- 准确度高于人类的语言翻译。

图 1.4 所示为一个用于总结段落大意的简例，计算机读入一大段文本，并用几行总结出中心语义。

Source Text

munster have signed new zealand international francis *saili* on a two-year deal . utility back *saili* , who made his all blacks debut against argentina in 2013 , will move to the province later this year after the completion of his 2015 contractual commitments . the 24-year-old currently plays for *auckland-based* super rugby side the blues and was part of the new zealand under-20 side that won the junior world championship in italy in 2011 . *saili* 's signature is something of a coup for munster and head coach anthony foley believes he will be a great addition to their backline . francis *saili* has signed a two-year deal to join munster and will link up with them later this year . ' we are really pleased that francis has committed his future to the province , ' foley told munster 's official website . ' he is a talented centre with an impressive *skill-set* and he possesses the physical attributes to excel in the northern hemisphere . ' i believe he will be a great addition to our backline and we look forward to welcoming him to munster . ' *saili* has been capped twice by new zealand and was part of the under 20 side that won the junior championship in 2011 . *saili* , who joins all black team-mates dan carter , *ma'a nonu* , conrad smith and charles *piutau* in agreeing to ply his trade in the northern hemisphere , is looking forward to a fresh challenge . he said : ' i believe this is a fantastic opportunity for me and i am fortunate to move to a club held in such high regard , with values and traditions i can relate to from my time here in the blues . ' this experience will stand to me as a player and i believe i can continue to improve and grow within the munster set-up . ' as difficult as it is to leave the blues i look forward to the exciting challenge ahead . '

Reference summary

utility back francis *saili* will join up with munster later this year .
the new zealand international has signed a two-year contract .
saili made his debut for the all blacks against argentina in 2013 .

图 1.4 计算机生成的本文摘要

接下来，我们把图 1.5 作为普通的图片输入给计算机，并不告知计算机图像中展示的是什么。借助对象检测技术和词典的帮助，我们得到的图像描述是：两个小女孩正在玩乐高玩具。计算机太聪明了，不是吗？

"two young girls are playing with lego toy."

图 1.5　对象检测和图像标注

1.3.2　深度学习的浮夸宣传

媒体人士和人工智能领域外的人士，以及那些并非真正的人工智能和深度学习参与者，一直暗示说，随着人工智能和深度学习的进步，电影 *Terminator 2: Judgement Day* 中的场景会成为现实。有些甚至在谈论人类终将被机器人控制的时代，那时机器人将决定什么对人类有益。目前而言，人工智能的能力被过分夸大了。现阶段，大多数深度学习系统都部署在一个非常受控的环境中，并给出了有限的决策边界。

我的想法是，当这些系统能够学会做出智能决策，而非仅仅完成模式匹配，当数以千百计的深度学习算法可以协同工作，那时也许我们有希望见到类似科幻电影中一样表现的机器人。事实上，我们尚不能实现通用的人工智能，即机器可以在没有指示的情况下做任何事。现在的深度学习大多是关于如何寻找现有数据的模式并预测未来结果。作为深度学习业者，我们应该像区别信号和噪声一样区分这些不实说法。

1.3.3　深度学习发展史

尽管深度学习在最近几年才开始广为流行，但其背后的理论早在 20 世纪 50 年代就开始形成了。表 1.1 给出了现今深度学习应用中最受欢迎的技术和出现的大概的时间点。

深度学习这个术语过去有几种不同的叫法。20 世纪 70 年代我们称之为控制论（cybernetics），20 世纪 80 年代称之为联结主义（connectionism），而现在称之为深度学习或神经网络。我们将交替使用深度学习和神经网络这两个术语。神经网络通常指的是那些受人脑运作启发的算法。然而，作为深度学习的从业者，我们应明白神经网络主要是由强大的数学理论（线性代数和微积分）、统计学（概率）和软件工程激励和支持的。

表 1.1

技术	年份
神经网络	1943
反向传播	20 世纪 60 年代初期
卷积神经网络	1979
循环神经网络	1980
长短期记忆网络	1997

1.3.4 为何是现在

为何现在深度学习这么流行？一些关键原因如下：

- 硬件可用性；
- 数据和算法；
- 深度学习框架。

1.3.5 硬件可用性

深度学习要在数百万甚至数十亿的参数上进行复杂的数学运算。尽管过去这些年有所提高，但仅依靠现在的 CPU 执行这些运算极其耗时。一种叫作图形处理单元（Graphics Processing Unit，GPU）的新型硬件在完成这些大规模的数学运算（如矩阵乘法）时可以高出几个数量级。

GPU 最初是 Nvidia 和 AMD 公司为游戏产业而开发的。事实证明这种硬件极其高效。Nvidia 最近的一款产品 1080ti，仅用了几天时间就构建了一个基于 `ImageNet` 数据集的图像分类系统，而此前这需要大概 1 个月的时间。

如果打算购买用于深度学习的硬件，建议用户根据预算选择一款 Nvidia 的内存较大的 GPU。记住，计算机内存和 GPU 内存并不相同，1080ti 带有大约 11GB 的内存，它的价格在 700 美元左右。

你也可以使用各种云服务，如 AWS、Google Cloud 或 Floyd（这家公司提供专为深度学习优化的 GPU 机器）。如果刚开始深度学习，或在财务受限的情况下为公司的应用配置机器时，使用云服务就很经济。

优化后的系统性能可能有较大提升。

图 1.6 所示为不同 CPU 和 GPU 的性能基准的对比。

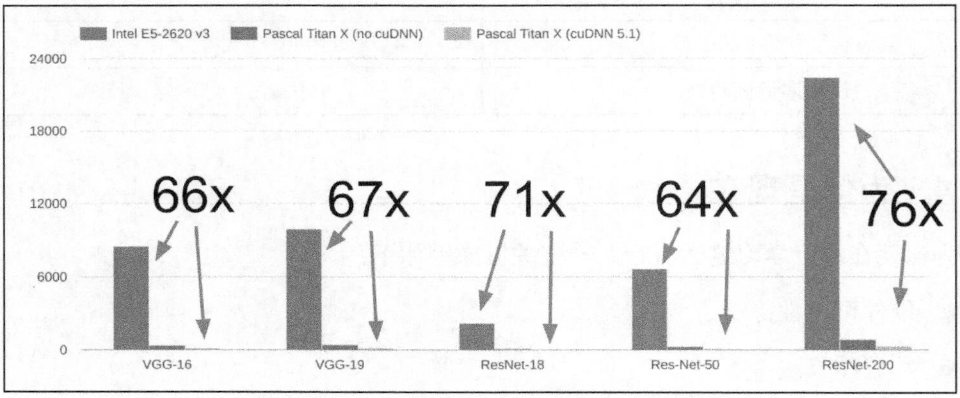

图 1.6　基于不同 CPU 和 GPU 的神经网络架构的性能基准

1.3.6　数据和算法

数据是完成深度学习最重要的组成部分，由于互联网的普及和智能手机应用的增长，一些大公司，如 Facebook 和 Google，可以收集到大量不同格式的数据，特别是文本、图片、视频和音频这类数据。在计算机视觉领域，ImageNet 竞赛在提供 1,000 种类别中的 140 万张图片的数据集方面发挥了巨大作用。

这些图像类别是手工标注的，每年都有数百个团队参与竞赛。过去比赛中一些成功的算法有 VGG、ResNet、Inception、DenseNet 等。现在这些算法已在行业中得到应用，用于解决各种计算机视觉问题。深度学习领域还有其他一些流行的数据集，这些数据集常被用于建立不同算法的性能基准：

- MNIST；
- COCO 数据集；
- CIFAR；
- The Street View House Numbers；

- PASCAL VOC；
- Wikipedia dump；
- 20 Newsgroups；
- Penn Treebank；
- Kaggle。

各种不同算法的发展，如批规一化、激活函数、跳跃式连接（skip connection）、长短期记忆网络（LSTM）、dropout 等，使得最近几年可以更快并更成功地训练极深度网络。本书接下来的章节中，我们将深入每种技术的细节，以及如何使用这些技术构建更好的模型。

1.3.7 深度学习框架

在早期，人们需要具备 C++和 CUDA 的专业知识来实现深度学习算法。现在随着很多公司将它们的深度学习框架开源，使得那些具有脚本语言知识（如 Python）的人，也可以开始构建和使用深度学习算法。今天，这个行业中流行的深度学习框架有 TensorFlow、Caffe2、Keras、Theano、PyTorch、Chainer、DyNet、MXNet 和 CNTK。

如果没有这些框架，深度学习的应用也不会如此广泛。它们抽象出许多底层的复杂度，让我们可以专注于应用。我们尚处于深度学习的早期阶段，很多组织机构都在对深度学习进行大量研究，几乎每天都有突破性的成果，因而，各种框架也都各有利弊。

PyTorch

PyTorch 以及其他大多数深度学习框架，主要用于两个方面：

- 用 GPU 加速过的运算替代与 NumPy 类似的运算；
- 构建深度神经网络。

让 PyTorch 越来越受欢迎的是它的易用性和简单性。不同于其他大多数流行的使用静态计算图的深度学习框架，PyTorch 使用动态计算，因此在构建复杂架构时可以有更高的灵活性。

PyTorch 大量使用了 Python 概念，例如类、结构和条件循环，允许用户以纯面向对象的方式构建深度学习算法。大部分的其他流行框架引进了自己的编程风格，有时编写新算法会很复杂，甚至不支持直观的调试。后续章节将详细讨论计算图。

尽管 PyTorch 新近才发布并且还处于 β 版本，由于它的简单易用和出色的性能、易于调试性，以及来自不同公司如 SalesForce 等的强大支持，PyTorch 受到了数据科学家和深度学习研究人员的巨大欢迎。

由于 PyTorch 最初主要为研究目的而构建，因此不建议用于那些对延迟要求非常高的生产环境。然而，随着名为 Open Neural Network Exchange（ONNX）的新项目的出现，这种情况正在发生改变，该项目的重点是将在 PyTorch 上开发的模型部署到适用于生产的 Caffe2 这样的平台上。在本书写作时，这个项目刚刚启动，因而过多的定论还为时尚早。该项目了得到 Facebook 和微软的支持。

在本书的其余部分，我们将学习用于构建计算机视觉和自然语言处理领域的强大深度学习应用的各种模块（较小的概念或技术）。

1.4　小结

作为介绍性章节，本章探讨了什么是人工智能、机器学习和深度学习，以及三者之间的差异。我们也在日常生活中看到了由这些技术开发的应用程序。本章然后更深入地讨论了为什么深度学习在现在才变得那么流行，最后对深度学习的框架 PyTorch 做了一个简单介绍。

下一章将使用 PyTorch 训练我们的第一个神经网络。

第 2 章
神经网络的构成

理解神经网络的基本组成部分，如张量、张量运算和梯度递减等，对构造复杂的神经网络至关重要。本章将构建首个神经网络的 Hello world 程序，并涵盖以下主题：

- 安装 PyTorch；
- 实现第一个神经网络；
- 划分神经网络的功能模块；
- 介绍张量、变量、Autograd、梯度和优化器等基本构造模块；
- 使用 PyTorch 加载数据。

2.1 安装 PyTorch

PyTorch 可以作为 Python 包使用，用户可以使用 pip 或 conda 来构建，或者从源代码构建。本书推荐使用 Anaconda Python 3 发行版。要安装 Anaconda，请参考 Anaconda 官方文档。所有示例将在本书的 GitHub 存储库中以 Jupyter Notebook 的形式提供。强烈建议使用 Jupyter Notebook，因为它允许进行交互。如果已经安装了 Anaconda Python，那么可以继续 PyTorch 安装的后续步骤。

基于 GPU 的 Cuda 8 版安装：

```
conda install pytorch torchvision cuda80 -c soumith
```

基于 GPU 的 Cuda 7.5 版安装：

```
conda install pytorch torchvision -c soumith
```

非 GPU 版的安装：

```
conda install pytorch torchvision -c soumith
```

在本书写作时，PyTorch 还不支持 Windows，所以可以尝试使用虚拟机或 Docker 镜像。

2.2　实现第一个神经网络

下面给出本书介绍的第一个神经网络，它将学习如何将训练示例（即输入数组）映射成目标（即输出数组）。假设我们为最大的在线公司之一 Wondermovies 工作（该公司按需提供视频服务），训练数据集包含了表示用户在平台上观看电影的平均时间的特征，网络将据此预测每个用户下周使用平台的时间。这是个假想出来的用例，不需要深入考虑。构建解决方案的主要分解活动如下。

- **准备数据**：`get_data` 函数准备输入和输出张量（数组）。
- **创建学习参数**：`get_weights` 函数提供以随机值初始化的张量，网络通过优化这些参数来解决问题。
- **网络模型**：`simple_network` 函数应用线性规则为输入数据生成输出，计算时先用权重乘以输入数据，再加上偏差（$y = wx+b$）。
- **损失**：`loss_fn` 函数提供了评估模型优劣的信息。
- **优化器**：`optimize` 函数用于调整初始的随机权重，并帮助模型更准确地计算目标值。

如果大家刚接触机器学习，不用着急，到本章结束时将会真正理解每个函数的作用。下面这些从 PyTorch 代码抽取出来的函数，有助于更容易理解神经网络。我们将逐个详细讨论这些函数。前面提到的分解活动对大多数机器学习和深度学习问题而言都是相同的。接下来的章节会探讨为改进各项功能从而构建实际应用的各类技术。

神经网络的线性回归模型如下：

$$y = wx+b$$

用 PyTorch 编码如下：

```
x,y = get_data() #x - 表示训练数据，y - 表示目标变量
```

```
w,b = get_weights() #w,b - 学习参数
for i in range(500):
    y_pred = simple_network(x) # 计算 wx + b 的函数
    loss = loss_fn(y,y_pred) # 计算 y 和 y_pred 平方差的和
if i % 50 == 0:
        print(loss)
    optimize(learning_rate) # 调整 w,b，将损失最小化
```

到本章结束时，你会了解到每个函数的作用。

2.2.1 准备数据

PyTorch 提供了两种类型的数据抽象，称为张量和变量。张量类似于 numpy 中的数组，它们也可以在 GPU 上使用，并能够改善性能。数据抽象提供了 GPU 和 CPU 的简易切换。对某些运算，我们会注意到性能的提高，以及只有当数据被表示成数字的张量时，机器学习算法才能理解不同格式的数据。张量类似 Python 数组，并可以改变大小。例如，图像可以表示成三维数组（高，宽，通道（RGB）），深度学习中使用最多 5 个维度的张量表示也很常见。一些常见的张量如下：

- 标量（0 维张量）；
- 向量（1 维张量）；
- 矩阵（2 维张量）；
- 3 维张量；
- 切片张量；
- 4 维张量；
- 5 维张量；
- GPU 张量。

1. 标量（0 维张量）

包含一个元素的张量称为标量。标量的类型通常是 FloatTensor 或 LongTensor。在本书写作时，PyTorch 还没有特别的 0 维张量。因此，我们使用包含一个元素的一维张量表示：

```
x = torch.rand(10)
x.size()
```

```
Output - torch.Size([10])
```

2. 向量（1 维张量）

向量只不过是一个元素序列的数组。例如，可以使用向量存储上周的平均温度：

```
temp = torch.FloatTensor([23,24,24.5,26,27.2,23.0])
temp.size()

Output - torch.Size([6])
```

3. 矩阵（2 维向量）

大多数结构化数据都可以表示成表或矩阵。我们使用波士顿房价（Boston House Prices）的数据集，它包含在 Python 的机器学习包 scikit-learn 中。数据集是一个包含了 506 个样本或行的 numpy 数组，其中每个样本用 13 个特征表示。Torch 提供了一个工具函数 from_numpy()，它将 numpy 数组转换成 torch 张量，其结果张量的形状为 506 行×13 列：

```
boston_tensor = torch.from_numpy(boston.data)
boston_tensor.size()

Output: torch.Size([506, 13])

boston_tensor[:2]

Output:
Columns 0 to 7
   0.0063 18.0000 2.3100 0.0000 0.5380 6.5750 65.2000 4.0900
   0.0273 0.0000 7.0700 0.0000 0.4690 6.4210 78.9000 4.9671

Columns 8 to 12
   1.0000 296.0000 15.3000 396.9000 4.9800
   2.0000 242.0000 17.8000 396.9000 9.1400
[torch.DoubleTensor of size 2x13]
```

4. 3 维张量

当把多个矩阵累加到一起时，就得到了一个 3 维张量。3 维张量可以用来表示类似图像这样的数据。图像可以表示成堆叠到一起的矩阵中的数字。一个图像形状的例子是(224,224,3)，其中第一个数字表示高度，第二个数字表示宽度，第三个表示通道数(RGB)。我们来看看计算机是如何识别大熊猫的，代码如下：

```
from PIL import Image
# 使用 PIL 包从磁盘读入熊猫图像并转成 numpy 数组
panda = np.array(Image.open('panda.jpg').resize((224,224)))
panda_tensor = torch.from_numpy(panda)
panda_tensor.size()

Output - torch.Size([224, 224, 3])
# 显示熊猫
plt.imshow(panda)
```

由于显示大小为（224,224,3）的张量会占用本书的很多篇幅，因此将把图 2.1 所示的图像切片成较小的张量来显示。

图 2.1　显示的图像

5. 切片张量

张量的一个常见操作是切片。举个简单的例子，我们可能选择一个张量的前 5 个元素，其中张量名称为 sales。我们使用一种简单的记号 sales[:slice_index]，其中 slice_index 表示要进行切片的张量位置：

```
sales =
torch.FloatTensor([1000.0,323.2,333.4,444.5,1000.0,323.2,333.4,444.5])

sales[:5]
 1000.0000
  323.2000
  333.4000
  444.5000
 1000.0000
[torch.FloatTensor of size 5]
```

```
sales[:-5]
 1000.0000
  323.2000
  333.4000
[torch.FloatTensor of size 3]
```

对熊猫图像做些更有趣的处理，比如只选择一个通道时熊猫图像的样子，以及如何选择熊猫的面部。

下面，只选择熊猫图像的一个通道：

```
plt.imshow(panda_tensor[:,:,0].numpy()) #0 表示 RGB 中的第一个通道
```

输出如图 2.2 所示。

图 2.2

现在裁剪图像，假设要构造一个熊猫的面部检测器，我们只需要熊猫图像的面部部分。我们来裁剪张量图像，让它只包含熊猫面部。

```
plt.imshow(panda_tensor[25:175,60:130,0].numpy())
```

输出如图 2.3 所示。

另一个常见的例子是需要获取张量的某个特定元素：

```
# torch.eye(shape)生成一个对角线元素为 1 的对角矩阵
sales = torch.eye(3,3)
sales[0,1]

Output- 0.00.0
```

第 5 章在讨论使用卷积神经网络构建图像分类器时，将再次用到图像数据。

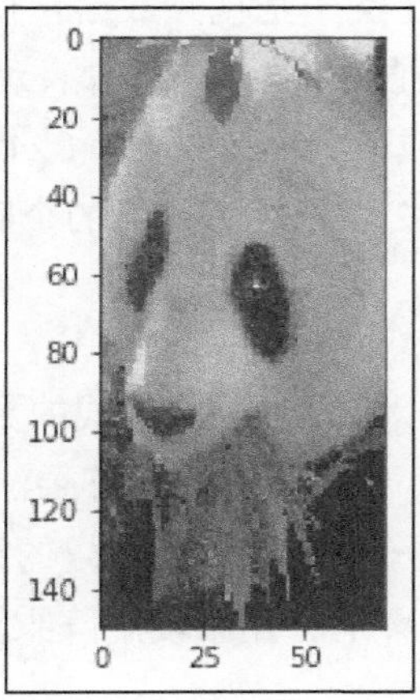

图 2.3

PyTorch 的大多数张量运算都和 NumPy 运算非常类似。

6. 4 维张量

4 维张量类型的一个常见例子是批图像。为了可以更快地在多样例上执行相同的操作，现代的 CPU 和 GPU 都进行了专门优化，因此，处理一张或多张图像的时间相差并不大。因而，同时使用一批样例比使用单样例更加常见。对批大小的选择并不一目了然，它取决于多个因素。不使用更大批尺寸或完整数据集的主要因素是 GPU 的内存限制，16、32 和 64 是通常使用的批尺寸。

举例来说，加载一批 64×224×224×3 的猫咪图片，其中 64 表示批尺寸或图片数量，两个 224 分别表示高和宽，3 表示通道数：

```
#从磁盘读取猫咪图片
cats = glob(data_path+'*.jpg')
#将图片转换成 numpy 数组
cat_imgs = np.array([np.array(Image.open(cat).resize((224,224))) for cat in
cats[:64]])
cat_imgs = cat_imgs.reshape(-1,224,224,3)
cat_tensors = torch.from_numpy(cat_imgs)
cat_tensors.size()

Output - torch.Size([64, 224, 224, 3])
```

7．5 维张量

可能必须使用 5 维张量的一个例子是视频数据。视频可以划分为帧，例如，熊猫玩球的长度为 30 秒的视频，可能包含 30 帧，这可以表示成形状为（1×30×224×224×3）的张量。一批这样的视频可以表示成形状为（32×30×224×224×3）的张量——例中的 30 表示每个视频剪辑中包含的帧数，32 表示视频剪辑的个数。

8．GPU 上的张量

我们已学习了如何用张量表示法表示不同形式的数据。有了张量格式的数据后，要进行一些常见运算，比如加、减、乘、点积和矩阵乘法等。所有这些操作都可以在 CPU 或 GPU 上执行。PyTorch 提供了一个名为 cuda() 的简单函数，将张量从 CPU 复制到 GPU。我们来看一下其中的一些操作，并比较矩阵乘法运算在 CPU 和 GPU 上的性能差异。

张量的加法运算用如下代码实现：

```
#执行张量加法运算的不同方式
a = torch.rand(2,2)
b = torch.rand(2,2)
c = a + b
d = torch.add(a,b)
#和自身相加
a.add_(5)

#不同张量之间的乘法

a*b
a.mul(b)
#和自身相乘
a.mul_(b)
```

对于张量矩阵乘法，我们比较一下代码在 CPU 和 GPU 上的性能。所有张量都可以通过调用 cuda() 函数转移到 GPU 上。

GPU 上的乘法运算运行如下：

```
a = torch.rand(10000,10000)
b = torch.rand(10000,10000)

a.matmul(b)
```

```
Time taken: 3.23 s

#将张量转移到 GPU
a = a.cuda()
b = b.cuda()

a.matmul(b)

Time taken: 11.2 μs
```

加、减和矩阵乘法这些基础运算可以用于构建复杂运算，如卷积神经网络（CNN）和递归神经网络（RNN），本书稍后的章节将进行相关讲解。

9．变量

深度学习算法经常可以表示成计算图。图 2.4 所示为一个在示例中构建的变量计算图的简单例子。

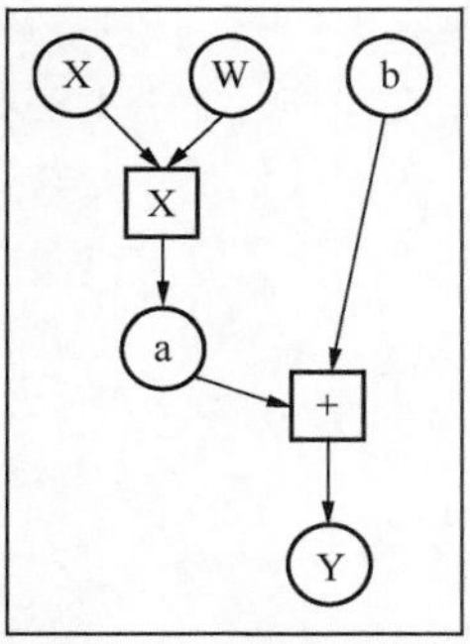

图 2.4　变量计算图

在图 2.4 所示的计算图中，每个小圆圈表示一个变量，变量形成了一个轻量封装，将张量对象、梯度，以及创建张量对象的函数引用封装起来。图 2.5 所示为 Variable 类的组件。

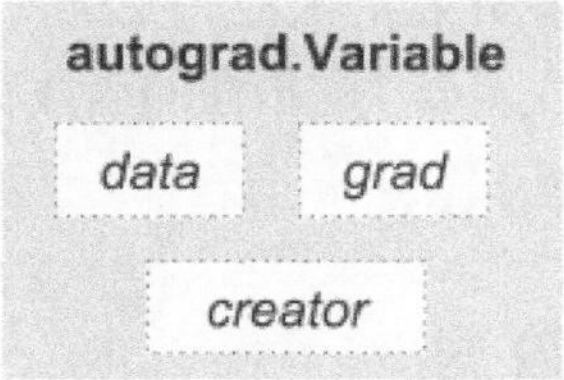

图 2.5　Variable 类

梯度是指 loss 函数相对于各个参数（**W, b**）的变化率。例如，如果 **a** 的梯度是 2，

那么 **a** 值的任何变化都会导致 **Y** 值变为原来的两倍。如果还不清楚，不要着急——大多数数深度学习框架都会为我们代为计算梯度值。本章中，我们将学习如何使用梯度来改善模型的性能。

除了梯度，变量还引用了创建它的函数，相应地也就指明了每个变量是如何创建的。例如，变量 a 带有的信息表明它是由 x 和 w 的积生成的。

让我们看个例子，创建变量并检查梯度和函数引用：

```
x = Variable(torch.ones(2,2),requires_grad=True)
y = x.mean()

y.backward()

x.grad
Variable containing:
 0.2500 0.2500
 0.2500 0.2500
[torch.FloatTensor of size 2x2]

x.grad_fn
Output - None

x.data
 1 1
 1 1
[torch.FloatTensor of size 2x2]

y.grad_fn
<torch.autograd.function.MeanBackward at 0x7f6ee5cfc4f8>
```

在上面的例子中，我们在变量上调用了 backward 操作来计算梯度。默认情况下，变量的梯度是 none。

变量中的 grad_fn 指向了创建它的函数。变量被用户创建后，就像例子中的 x 一样，其函数引用为 None。对于变量 y，它指向的函数引用是 MeanBackward。

属性 Data 用于获取变量相关的张量。

2.2.2 为神经网络创建数据

第一个神经网络中的 get_data 函数创建了两个变量：x 和 y，尺寸为(17, 1)和

(17)。我们看函数内部的构造：

```
def get_data():
    train_X =
np.asarray([3.3,4.4,5.5,6.71,6.93,4.168,9.779,6.182,7.59,2.167,
                         7.042,10.791,5.313,7.997,5.654,9.27,3.1])
    train_Y =
np.asarray([1.7,2.76,2.09,3.19,1.694,1.573,3.366,2.596,2.53,1.221,
                         2.827,3.465,1.65,2.904,2.42,2.94,1.3])
    dtype = torch.FloatTensor
    X =
Variable(torch.from_numpy(train_X).type(dtype),requires_grad=False).view(17,1)
    y = Variable(torch.from_numpy(train_Y).type(dtype),requires_grad=False)
    return X,y
```

1. 创建学习参数

在前面神经网络的例子中，共有两个学习参数：w 和 b，还有两个不变的参数：x 和 y。我们已在 get_data 函数中创建了变量 x 和 y。学习参数使用随机值初始化并创建，其中参数 require_grad 的值设为 True，这与变量 x 和 y 不同，变量 x 和 y 创建时 require_grad 的值是 False。初始化学习参数有不同的方法，我们将在后续章节探索。下面列出的是 get_weights 函数代码：

```
def get_weights():
    w = Variable(torch.randn(1),requires_grad = True)
    b = Variable(torch.randn(1),requires_grad=True)
    return w,b
```

前面的代码大部分是一目了然的，其中 torch.randn 函数为任意给定形状创建随机值。

2. 神经网络模型

使用 PyTorch 变量定义了输入和输出后，就要构建模型来学习如何将输入映射到输出。在传统的编程中，我们手动编写具有不同逻辑的函数代码，将输入映射到输出。然而，在深度学习和机器学习中，是通过把输入和相关的输出展示给模型，让模型完成函数的学习。我们的例子中，在线性关系的假定下，实现了尝试把输入映射为输出的简单神经网络。线性关系可以表示为 $y = wx + b$，其中 w 和 b 是学习参数。网络要学习 w 和 b 的值，这样 $wx + b$ 才能更加接近真实的 y。图 2.6 是训练集和神经网络要学习的模型的示意图。

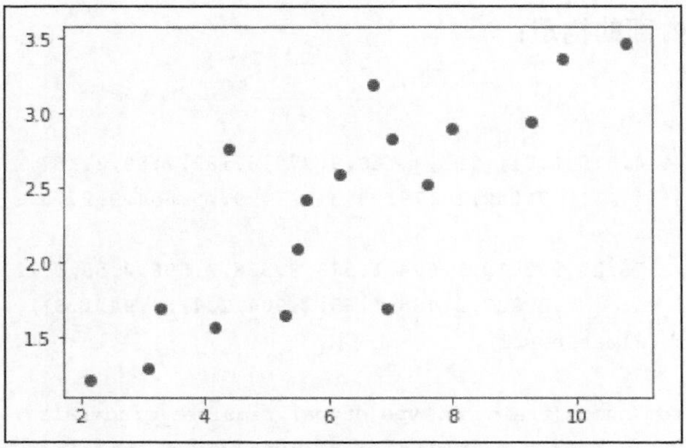

图 2.6　输入数据点

图 2.7 表示和输入数据点拟合的线性模型。

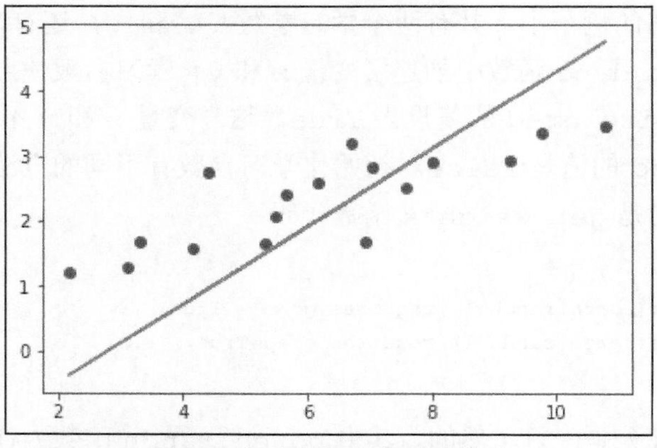

图 2.7　拟合数据点的线性模型

图中的深灰（蓝）色线表示网络学习到的模型。

3．网络的实现

现在已经有了实现网络所需的所有参数（x、w、b 和 y），我们对 w 和 x 做矩阵乘法，然后，再把结果与 b 求和，这样就得到了预测值 y。函数实现如下：

```
def simple_network(x):
    y_pred = torch.matmul(x,w)+b
    return y_pred
```

PyTorch 在 torch.nn 中提供了称为层（layer）的高级抽象，层将负责多数常见的技术都需要用到的后台初始化和运算工作。这里使用低级些的操作是为了理解函数内部的构造。在第 5 章和第 6 章中，将用 PyTorch 抽象出来的层来构建复杂的神经网络或函数。前面的模型可以表示为 torch.nn 层，如下：

```
f = nn.Linear(17,1)  #简单很多
```

我们已经计算出了 y 值，接下来要了解模型的性能，必须通过 loss 函数评估。

4. 损失函数

由于我们的学习参数 w 和 b 以随机值开始，产生的结果 y_pred，必和真实值 y 相去甚远。因此，需要定义一个函数，来告知模型预测值和真实值的差距。由于这是一个回归问题，我们使用称为误差平方和（也称为和方差，SSE）的损失函数。我们对 y 的预测值和真实值之差求平方。SSE 有助于模型评估预测值和真实值的拟合程度。torch.nn 库中有不同的损失函数，如均方差（又称方差，MSE）损失和交叉熵损失。但是在本章，我们自己来实现 loss 函数：

```
def loss_fn(y,y_pred):
    loss = (y_pred-y).pow(2).sum()
    for param in [w,b]:
        if not param.grad is None: param.grad.data.zero_()
    loss.backward()
    return loss.data[0]
```

除了计算损失值，我们还进行了 backward 操作，计算出了学习参数 w 和 b 的梯度。由于我们会不止一次使用 loss 函数，因此通过调用 grad.data.zero_() 方法来清除前面计算出的梯度值。在第一次调用 backward 函数的时候，梯度是空的，因此只有当梯度不为 None 时才将梯度值设为 0。

5. 优化神经网络

前面例子中的算法使用随机的初始权重来预测目标，并计算损失，最后调用 loss 变量上的 backward 函数计算梯度值。每次迭代都在整个样例集合上重复整个过程。在多数的实际应用中，每次迭代都要对整个数据集的一个小子集进行优化操作。损失值计算出来后，用计算出的梯度值进行优化，以让损失值降低。优化器通过下面的函数实现：

```
def optimize(learning_rate):
    w.data -= learning_rate * w.grad.data
    b.data -= learning_rate * b.grad.data
```

学习率是一个超参数，可以让用户通过较小的梯度值变化来调整变量的值，其中梯

度指明了每个变量（w 和 b）需要调整的方向。

不同的优化器，如 Adam、RmsProp 和 SGD，已在 torch.optim 包中实现好。后面的章节中，我们将使用这些优化器来降低损失或提高准确率。

2.2.3　加载数据

为深度学习算法准备数据本身就可能是件很复杂的事情。PyTorch 提供了很多工具类，工具类通过多线程、数据增强和批处理抽象出了如数据并行化等复杂性。本章将介绍两个重要的工具类：Dataset 类和 DataLoader 类。为了理解如何使用这些类，我们从 Kaggle 网站（https://www.kaggle.com/c/dogs-vs-cats/data）上拿到 Dogs vs. Cats 数据集，并创建可以生成 PyTorch 张量形式的批图片的数据管道。

1. Dataset 类

任何自定义的数据集类，例如 Dogs 数据集类，都要继承自 PyTorch 的数据集类。自定义的类必须实现两个函数：__len__(self)和__getitem__(self,idx)。任何和 Dataset 类表现类似的自定义类都应和下面的代码类似：

```
from torch.utils.data import Dataset
class DogsAndCatsDataset(Dataset):
    def __init__(self,):
        pass
    def __len__(self):
        pass
    def __getitem__(self,idx):
        pass
```

在 init 方法中，将进行任何需要的初始化。例如在本例中，读取表索引和图片的文件名。__len__(self)运算负责返回数据集中的最大元素个数。__getitem__ (self, idx)运算根据每次调用时的 idx 返回对应元素。下面的代码实现了 DogsAndCatsDataset 类。

```
class DogsAndCatsDataset(Dataset):
    def __init__(self,root_dir,size=(224,224)):
        self.files = glob(root_dir)
        self.size = size
    def __len__(self):
        return len(self.files)
    def __getitem__(self,idx):
        img = np.asarray(Image.open(self.files[idx]).resize(self.size))
        label = self.files[idx].split('/')[-2]
```

```
        return img,label
```

在定义了 DogsAndCatsDataset 类后，可以创建一个对象并在其上进行迭代，如下面的代码所示。

```
for image,label in dogsdset:
#在数据集上应用深度学习算法
```

在单个的数据实例上应用深度学习算法并不理想。我们需要一批数据，现代的 GPU 都对批数据的执行进行了性能优化。DataLoader 类通过提取出大部分复杂度来帮助创建批数据。

2. DataLoader 类

DataLoader 类位于 PyTorch 的 utils 类中，它将数据集对象和不同的取样器联合，如 SequentialSampler 和 RandomSampler，并使用单进程或者多进程的的迭代器，为我们提供批量图片。取样器是为算法提供数据的不同策略。下面是使用 DataLoader 处理 Dogs vs. Cats 数据集的例子。

```
dataloader = DataLoader(dogsdset,batch_size=32,num_workers=2)
for imgs , labels in dataloader:
    #在数据集上应用深度学习算法
    pass
```

imgs 包含一个形状为（32, 224, 224, 3）的张量，其中 32 表示批尺寸。

PyTorch 团队也维护了两个有用的库，即 torchvision 和 torchtext，这两个库基于 Dataset 和 DataLoader 类构建。我们将在相关章节使用它们。

2.3 小结

本章中，我们学习了 PyTorch 提供的多个数据结构和操作，并使用 PyTorch 的基础组成模块实现了几个组件。在数据准备上，我们创建了供算法使用的张量。我们的网络架构是一个可预测用户使用 Wondermovies 平台的平均小时数的模型。我们使用 loss 函数检查模型的性能，并使用 optimize 函数调整模型的学习参数，从而改善平台性能。

我们也了解了 PyTorch 如何通过抽象出数据并行化和数据增强的复杂度，让创建数据管道变得更简单。

下一章将深入探讨神经网络和深度学习算法的原理。我们将学习 PyTorch 内置的用于构建网络架构、损失函数和优化器的几个模块，也将演示如何在真实数据集上使用它们。

第3章
深入了解神经网络

本章将介绍用于解决实际问题的深度学习架构的不同模块。前一章使用 PyTorch 的低级操作构建了如网络架构、损失函数和优化器这些模块。本章将介绍用于解决真实问题的神经网络的一些重要组件，以及 PyTorch 如何通过提供大量高级函数来抽象出复杂度。本章还将介绍用于解决真实问题的算法，如回归、二分类、多类别分类等。

本章将讨论如下主题：

- 详解神经网络的不同构成组件；
- 探究 PyTorch 中用于构建深度学习架构的高级功能；
- 应用深度学习解决实际的图像分类问题。

3.1 详解神经网络的组成部分

上一章已经介绍了训练深度学习算法需要的几个步骤。

1. 构建数据管道。
2. 构建网络架构。
3. 使用损失函数评估架构。
4. 使用优化算法优化网络架构的权重。

上一章中的网络由使用 PyTorch 数值运算构建的简单线性模型组成。尽管使用数值运算为玩具性质的问题搭建神经架构很简单，但当需要构建解决不同领域的复杂问题时，如计算机视觉和自然语言处理，构建一个架构就迅速变得复杂起来。大多数深度学习框架，如 PyTorch、TensorFlow 和 Apache MXNet，都提供了抽象出很多复杂度的高级功能。这些深度学习框架的高级功能称为层（layer）。它们接收输入数据，进行如同在前面一章看到的各种变换，并输出数据。解决真实问题的深度学习架构通常由 1~150 个层组成，有时甚至更多。抽象出低层的运算并训练深度学习算法的过程如图 3.1 所示。

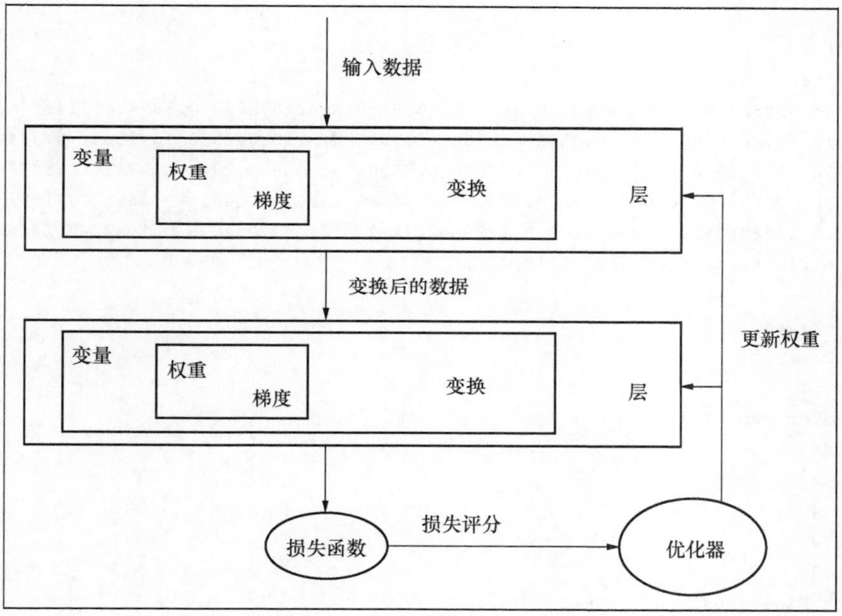

图 3.1

3.1.1 层——神经网络的基本组成

在本章的剩余部分，我们会见到各种不同类型的层。首先，先了解其中最重要的一种层：线性层，它就是我们前面讲过的网络层结构。线性层应用了线性变换：

$$Y=Wx+b$$

线性层之所以强大，是因为前一章所讲的功能都可以写成单一的代码行，如下所示。

```
from torch.nn import Linear
myLayer = Linear(in_features=10,out_features=5,bias=True)
```

上述代码中的 myLayer 层，接受大小为 10 的张量作为输入，并在应用线性变换后输出一个大小为 5 的张量。下面是一个简单例子的实现：

```
inp = Variable(torch.randn(1,10))
myLayer = Linear(in_features=10,out_features=5,bias=True)
myLayer(inp)
```

可以使用属性 weights 和 bias 访问层的可训练参数：

```
myLayer.weight

Output :
Parameter containing:
-0.2386 0.0828 0.2904 0.3133 0.2037 0.1858 -0.2642 0.2862 0.2874 0.1141
 0.0512 -0.2286 -0.1717 0.0554 0.1766 -0.0517 0.3112 0.0980 -0.2364 -0.0442
 0.0776 -0.2169 0.0183 -0.0384 0.0606 0.2890 -0.0068 0.2344 0.2711 -0.3039
 0.1055 0.0224 0.2044 0.0782 0.0790 0.2744 -0.1785 -0.1681 -0.0681 0.3141
 0.2715 0.2606 -0.0362 0.0113 0.1299 -0.1112 -0.1652 0.2276 0.3082 -0.2745
[torch.FloatTensor of size 5x10]

myLayer.bias

Output :
Parameter containing:
-0.2646
-0.2232
 0.2444
 0.2177
 0.0897
[torch.FloatTensor of size 5
```

线性层在不同的框架中使用的名称有所不同，有的称为 dense 层，有的称为全连接层（fully connected layer）。用于解决真实问题的深度学习架构通常包含不止一个层。在 PyTorch 中，可以用多种方式实现。

一个简单的方法是把一层的输出传入给另一层：

```
myLayer1 = Linear(10,5)
myLayer2 = Linear(5,2)
myLayer2(myLayer1(inp))
```

每一层都有自己的学习参数，在多个层的架构中，每层都学习出它本层一定的模式，其后的层将基于前一层学习出的模式构建。把线性层简单堆叠在一起是有问题的，因为它们不能学习到简单线性表示以外的新东西。我们通过一个简单的例子看一下，为什么把线性层堆叠在一起的做法并不合理。

假设有具有如下权重的两个线性层：

层	权重
Layer1	3.0
Layer2	2.0

以上包含两个不同层的架构可以简单表示为带有另一不同层的单层。因此，只是堆叠多个线性层并不能帮助我们的算法学习任何新东西。有时，这可能不太容易理解，我们可以用下面的数学公式对架构进行可视化：

$$Y=2(3X_1) -2\ Linear\ layers$$

$$Y=6(X_1) -1\ Linear\ layers$$

为解决这一问题，相较于只是专注于线性关系，我们可以使用不同的非线性函数，帮助学习不同的关系。

深度学习中有很多不同的非线性函数。PyTorch 以层的形式提供了这些非线性功能，因为可以采用线性层中相同的方式使用它们。

一些流行的非线性函数如下所示：

- sigmoid
- tanh
- ReLU
- Leaky ReLU

3.1.2 非线性激活函数

非线性激活函数是获取输入，并对其应用数学变换从而生成输出的函数。我们在实战中可能遇到数个非线性操作。下面会讲解其中几个常用的非线性激活函数。

1. sigmoid

sigmoid 激活函数的数学定义很简单，如下：

$$\sigma(x)=1/(1+e^{-x})$$

简单来说，sigmoid 函数以实数作为输入，并以一个 0 到 1 之间的数值作为输出。对于一个极大的负值，它返回的值接近于 0，而对于一个极大的正值，它返回的值接近于 1。

图 3.2 所示为 sigmoid 函数不同的输出。

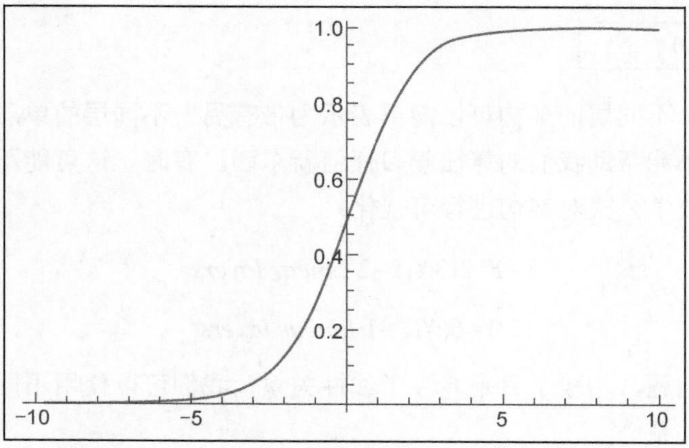

图 3.2

sigmoid 函数曾一度被不同的架构使用，但由于存在一个主要弊端，因此最近已经不太常用了。当 sigmoid 函数的输出值接近于 0 或 1 时，sigmoid 函数前一层的梯度接近于 0，由于前一层的学习参数的梯度接近于 0，使得权重不能经常调整，从而产生了无效神经元。

2．tanh

非线性函数 tanh 将实数值输出为-1 到 1 之间的值。当 tanh 的输出极值接近-1 和 1 时，也面临梯度饱和的问题。不过，因为 tanh 的输出是以 0 为中心的，所以比 sigmoid 更受偏爱，如图 3.3 所示。

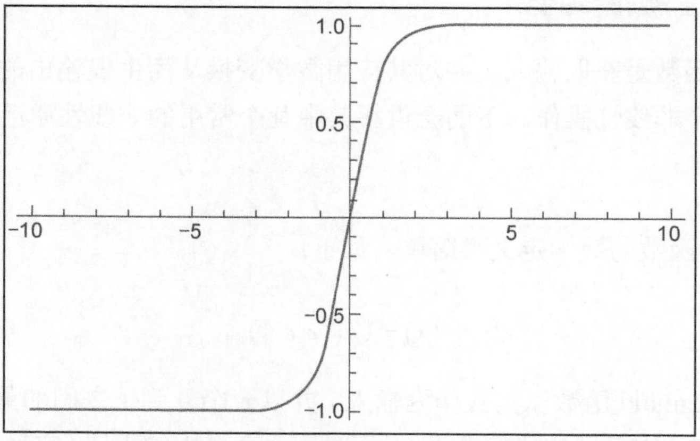

图 3.3

3. ReLU

近年来 ReLU 变得很受欢迎，我们几乎可以在任意的现代架构中找到 ReLU 或其某一变体的身影。它的数学公式很简单：

$$f(x)=max(0,x)$$

简单来说，ReLU 把所有负值取作 0，正值保持不变。可以对 ReLU 函数进行可视化，如图 3.4 所示。

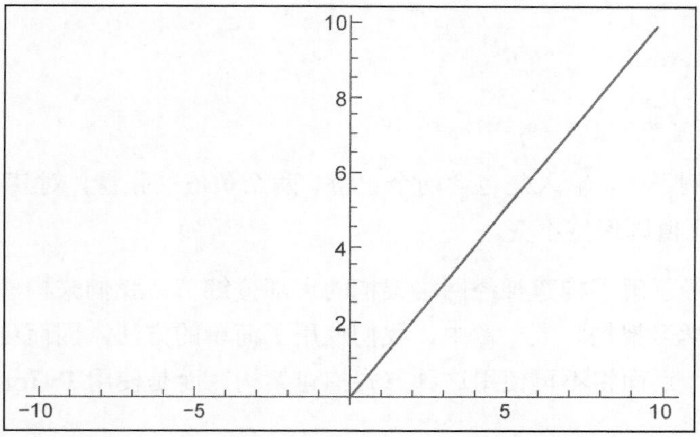

图 3.4

使用 ReLU 函数的一些好处和弊端如下。

- 有助于优化器更快地找到正确的权重集合。从技术上讲，它使随机梯度下降收敛得更快。
- 计算成本低，因为只是判断了阈值，并未计算任何类似于 sigmoid 或 tangent 函数计算的内容。
- ReLU 有一个缺点，即当一个很大的梯度进行反向传播时，流经的神经元经常会变得无效，这些神经元称为无效神经元，可以通过谨慎选择学习率来控制。我们将在第 4 章中讨论调整学习率的不同方式时，了解如何选择学习率。

4. Leaky ReLU

Leaky ReLU 尝试解决一个问题死角，它不再将饱和度置为 0，而是设为一个非常小的数值，如 0.001。对某些用例，这一激活函数提供了相较于其他激活函数更优异的性能，但它不是连续的。

3.1.3 PyTorch 中的非线性激活函数

PyTorch 已为我们实现了大多数常用的非线性激活函数，我们可以像使用任何其他的层那样使用它们。让我们快速看一个在 PyTorch 中使用 ReLU 激活函数的例子：

```
sample_data = Variable(torch.Tensor([[1,2,-1,-1]]))
myRelu = ReLU()
myRelu(sample_data)
```

输出：

```
Variable containing:
 1 2 0 0
[torch.FloatTensor of size 1x4]
```

在上面这个例子中，输入是包含两个正值、两个负值的张量，对其调用 ReLU 函数，负值将取为 0，正值则保持不变。

现在我们已经了解了构建神经网络架构的大部分细节，我们来构建一个可用于解决真实问题的深度学习架构。上一章中，我们使用了简单的方法，因而可以只关注深度学习算法如何工作。后面将不再使用这种方式构建架构，而是使用 PyTorch 中正常该用的方式构建。

1. PyTorch 构建深度学习算法的方式

PyTorch 中所有网络都实现为类，创建 PyTorch 类的子类要调用 nn.Module，并实现__init__和 forward 方法。在 init 方法中初始化层，这一点已在前一节讲过。在 forward 方法中，把输入数据传给 init 方法中初始化的层，并返回最终的输出。非线性函数经常被 forward 函数直接使用，init 方法也会使用一些。下面的代码片段展示了深度学习架构是如何用 PyTrorch 实现的：

```
class MyFirstNetwork(nn.Module):
    def __init__(self,input_size,hidden_size,output_size):
        super(MyFirstNetwork,self).__init__()
        self.layer1 = nn.Linear(input_size,hidden_size)
        self.layer2 = nn.Linear(hidden_size,output_size)
    def __forward__(self,input):
        out = self.layer1(input)
        out = nn.ReLU(out)
        out = self.layer2(out)
        return out
```

如果你是 Python 新手，上述代码可能会比较难懂，但它全部要做的就是继承一个父类，并实现父类中的两个方法。在 Python 中，我们通过将父类的名字作为参数传入来创建子类。`init` 方法相当于 Python 中的构造器，`super` 方法用于将子类的参数传给父类，我们的例子中父类就是 `nn.Module`。

2. 不同机器学习问题的模型架构

待解决的问题种类将基本决定我们将要使用的层，处理序列化数据问题的模型从线性层开始，一直到长短期记忆（LSTM）层。基于要解决的问题类别，最后一层是确定的。使用机器学习或深度学习算法解决的问题通常有三类，最后一层的情况通常如下。

- 对于回归问题，如预测 T 恤衫的销售价格，最后使用的是有一个输出的线性层，输出值为连续的。
- 将一张给定的图片归类为 T 恤衫或衬衫，用到的是 sigmoid 激活函数，因为它的输出值不是接近 1 就是接近 0，这种问题通常称为二分类问题。
- 对于多类别分类问题，如必须把给定的图片归类为 T 恤、牛仔裤、衬衫或连衣裙，网络最后将使用 softmax 层。让我们抛开数学原理来直观理解 softmax 的作用。举例来说，它从前一线性层获取输入，并输出给定数量样例上的概率。在我们的例子中，将训练它预测每个图片类别的 4 种概率。记住，所有概率相加的总和必然为 1。

3. 损失函数

一旦定义好了网络架构，还剩下最重要的两步。一步是评估网络执行特定的回归或分类任务时表现的优异程度，另一步是优化权重。

优化器（梯度下降）通常接受一个标量值，因而 `loss` 函数应生成一个标量值，并使其在训练期间最小化。某些用例，如预测道路上障碍物的位置并判断是否为行人，将需要两个或更多损失函数。即使在这样的场景下，我们也需要把损失组合成一个优化器可以最小化的标量。最后一章将详细讨论把多个损失值组合成一个标量的真实例子。

上一章中，我们定义了自己的 `loss` 函数。PyTorch 提供了经常使用的 `loss` 函数的实现。我们看看回归和分类问题的 `loss` 函数。

回归问题经常使用的 `loss` 函数是均方误差（MSE）。它和前面一章实现的 `loss` 函数相同。可以使用 PyTorch 中实现的 `loss` 函数，如下所示：

```
loss = nn.MSELoss()
input = Variable(torch.randn(3, 5), requires_grad=True)
target = Variable(torch.randn(3, 5))
output = loss(input, target)
output.backward()
```

对于分类问题，我们使用交叉熵损失函数。在介绍交叉熵的数学原理之前，先了解下交叉熵损失函数做的事情。它计算用于预测概率的分类网络的损失值，损失总和应为1，就像 softmax 层一样。当预测概率相对正确概率发散时，交叉熵损失增加。例如，如果我们的分类算法对图 3.5 为猫的预测概率值为 0.1，而实际上这是只熊猫，那么交叉熵损失就会更高。如果预测的结果和真实标签相近，那么交叉熵损失就会更低。

图 3.5

下面是用 Python 代码实现这种场景的例子。

```
def cross_entropy(true_label, prediction):
    if true_label == 1:
        return -log(prediction)
    else:
        return -log(1 - prediction)
```

为了在分类问题中使用交叉熵损失，我们真的不需要担心内部发生的事情——只要记住，预测差时损失值高，预测好时损失值低。PyTorch 提供了 `loss` 函数的实现，可以按照如下方式使用。

```
loss = nn.CrossEntropyLoss()
input = Variable(torch.randn(3, 5), requires_grad=True)
target = Variable(torch.LongTensor(3).random_(5))
output = loss(input, target)
output.backward()
```

PyTorch 包含的其他一些 loss 函数如表 3.1 所示。

表 3.1

L1 loss	通常作为正则化器使用；第 4 章将进一步讲述
MSE loss	均方误差损失，用于回归问题的损失函数
Cross-entropy loss	交叉熵损失，用于二分类和多类别分类问题
NLL Loss	用于分类问题，允许用户使用特定的权重处理不平衡数据集
NLL Loss2d	用于像素级分类，通常和图像分割问题有关

4. 优化网络架构

计算出网络的损失值后，需要优化权重以减少损失，并改善算法准确率。简单起见，让我们看看作为黑盒的优化器，它们接受损失函数和所有的学习参数，并微量调整来改善网络性能。PyTorch 提供了深度学习中经常用到的大多数优化器。如果大家想研究这些优化器内部的动作，了解其数学原理，强烈建议浏览以下博客：

- http://colah.github.io/posts/2015-08-Backprop/

PyTorch 提供的一些常用的优化器如下：

- ADADELTA
- Adagrad
- Adam
- SparseAdam
- Adamax
- ASGD
- LBFGS
- RMSProp
- Rprop

- SGD

第 4 章中将介绍更多算法细节，以及一些优势和折中方案考虑。让我们看看创建任意 optimizer 的一些重要步骤：

```
optimizer = optim.SGD(model.parameters(), lr = 0.01)
```

在上面的例子中，创建了 SGD 优化器，它把网络的所有学习参数作为第一个参数，另外一个参数是学习率，学习率决定了多大比例的变化调整可以作用于学习参数。第 4 章将深入学习率和动量（momentum）的更多细节，它们是优化器的重要参数。创建了优化器对象后，需要在循环中调用 zero_grad()方法，以避免参数把上一次 optimizer 调用时创建的梯度累加到一起：

```
for input, target in dataset:
    optimizer.zero_grad()
    output = model(input)
    loss = loss_fn(output, target)
    loss.backward()
    optimizer.step()
```

再一次调用 loss 函数的 backward 方法，计算梯度值（学习参数需要改变的量），然后调用 optimizer.step()方法，用于真正改变调整学习参数。

现在已经讲述了帮助计算机识别图像所需要的大多数组件。我们来构建一个可以区分狗和猫的复杂深度学习模型，以将学到的内容用于实践。

3.1.4　使用深度学习进行图像分类

解决任何真实问题的重要一步是获取数据。Kaggle 提供了大量不同数据科学问题的竞赛。我们将挑选一个 2014 年提出的问题，然后使用这个问题测试本章的深度学习算法，并在第 5 章中进行改进，我们将基于卷积神经网络（CNN）和一些可以使用的高级技术来改善图像识别模型的性能。大家可以从 https://www.kaggle.com/c/dogs-vs-cats/data 下载数据。数据集包含 25,000 张猫和狗的图片。在实现算法前，预处理数据，并对训练、验证和测试数据集进行划分是需要执行的重要步骤。数据下载完成后，可以看到对应数据文件夹包含了如图 3.6 所示的图片。

```
chapter3/
    dogsandcats/
        train/
            dog.183.jpg
            cat.2.jpg
            cat.17.jpg
            dog.186.jpg
            cat.27.jpg
            dog.193.jpg
```

图 3.6

当以图 3.7 所示的格式提供数据时，大多数框架能够更容易地读取图片并为它们设置标签的附注。也就是说每个类别应该有其所包含图片的独立文件夹。这里，所有猫的图片都应位于 cat 文件夹，所有狗的图片都应位于 dog 文件夹。

```
chapter3/
    dogsandcats/
        train/
            dog/
                dog.183.jpg
                dog.186.jpg
                dog.193.jpg
            cat/
                cat.17.jpg
                cat.2.jpg
                cat.27.jpg
        valid/
            dog/
                dog.173.jpg
                dog.156.jpg
                dog.123.jpg
            cat/
                cat.172.jpg
                cat.20.jpg
                cat.21.jpg
```

图 3.7

Python 可以很容易地将数据调整成需要的格式。请先快速浏览一下代码，然后，我们将讲述重要的部分。

```
path = '../chapter3/dogsandcats/'

#读取文件夹内的所有文件
files = glob(os.path.join(path,'*/*.jpg'))

print(f'Total no of images {len(files)}')
```

```
no_of_images = len(files)

#创建可用于创建验证数据集的混合索引
shuffle = np.random.permutation(no_of_images)

#创建保存验证图片集的 validation 目录
os.mkdir(os.path.join(path,'valid'))

#使用标签名称创建目录
for t in ['train','valid']:
     for folder in ['dog/','cat/']:
          os.mkdir(os.path.join(path,t,folder))

#将图片的一小部分子集复制到 validation 文件夹
for i in shuffle[:2000]:
     folder = files[i].split('/')[-1].split('.')[0]
     image = files[i].split('/')[-1]
     os.rename(files[i],os.path.join(path,'valid',folder,image))

#将图片的一小部分子集复制到 training 文件夹
for i in shuffle[2000:]:
     folder = files[i].split('/')[-1].split('.')[0]
     image = files[i].split('/')[-1]
     os.rename(files[i],os.path.join(path,'train',folder,image))
```

上述代码所做的处理，就是获取所有图片文件，并挑选出 2,000 张用于创建验证数据集。它把图片划分到了 cats 和 dogs 这两个类别目录中。创建独立的验证集是通用的重要实践，因为在相同的用于训练的数据集上测试算法并不合理。为了创建 `validation` 数据集，我们创建了一个图片数量长度范围内的数字列表，并把图像无序排列。在创建 `validation` 数据集时，我们可使用无序排列的数据来挑选一组图像。让我们详细解释一下每段代码。

下面的代码用于创建文件：

```
files = glob(os.path.join(path,'*/*.jpg'))
```

`glob` 方法返回特定路径的所有文件。当图片数量巨大时，也可以使用 `iglob`，它返回一个迭代器，而不是将文件名载入到内存中。在我们的例子中，只有 25,000 个文件名，可以很容易加载到内存里。

可以使用下面的代码混合排列文件：

```
shuffle = np.random.permutation(no_of_images)
```

上述代码返回 25,000 个 0～25,000 范围内的无序排列的数字，可以把其作为选择图片子集的索引，用于创建 validation 数据集。

可以创建验证代码，如下所示：

```
os.mkdir(os.path.join(path,'valid'))
for t in ['train','valid']:
     for folder in ['dog/','cat/']:
          os.mkdir(os.path.join(path,t,folder))
```

上述代码创建了 validation 文件夹，并在 train 和 valid 目录里创建了对应的类别文件夹（cats 和 dogs）。

可以用下面的代码对索引进行无序排列：

```
for i in shuffle[:2000]:
     folder = files[i].split('/')[-1].split('.')[0]
     image = files[i].split('/')[-1]
     os.rename(files[i],os.path.join(path,'valid',folder,image))
```

在上面的代码中，我们使用无序排列后的索引随机抽出 2000 张不同的图片作为验证集。同样地，我们把训练数据用到的图片划分到 train 目录。

现在已经得到了需要格式的数据，我们来快速看一下如何把图片加载成 PyTorch 张量。

1．把数据加载到 PyTorch 张量

PyTorch 的 torchvision.datasets 包提供了一个名为 ImageFolder 的工具类，当数据以前面提到的格式呈现时，它可以用于加载图片以及相应的标签。通常需要进行下面的预处理步骤。

1．把所有图片转换成同等大小。大多数深度学习架构都期望图片具有相同的尺寸。

2．用数据集的均值和标准差把数据集归一化。

3．把图片数据集转换成 PyTorch 张量。

PyTorch 在 transforms 模块中提供了很多工具函数，从而简化了这些预处理步骤。例如，进行如下 3 种变换：

- 调整成 256 ×256 大小的图片；
- 转换成 PyTorch 张量；
- 归一化数据（第 5 章将探讨如何获得均值和标准差）。

下面的代码演示了如何使用 ImageFolder 类进行变换和加载图片：

```
simple_transform=transforms.Compose([transforms.Scale((224,224)),
                                     transforms.ToTensor(),
                                     transforms.Normalize([0.485, 0.456,
0.406], [0.229, 0.224, 0.225])])
train = ImageFolder('dogsandcats/train/',simple_transform)
valid = ImageFolder('dogsandcats/valid/',simple_transform)
```

train 对象为数据集保留了所有的图片和相应的标签。它包含两个重要属性：一个给出了类别和相应数据集索引的映射；另一个给出了类别列表。

- train.class_to_idx - {'cat': 0, 'dog': 1}
- train.classes - ['cat', 'dog']

把加载到张量中的数据可视化往往是一个最佳实践。为了可视化张量，必须对张量再次变形并将值反归一化。下面的函数实现了这样的功能：

```
def imshow(inp):
    """Imshow for Tensor."""
    inp = inp.numpy().transpose((1, 2, 0))
    mean = np.array([0.485, 0.456, 0.406])
    std = np.array([0.229, 0.224, 0.225])
    inp = std * inp + mean
    inp = np.clip(inp, 0, 1)
    plt.imshow(inp)
```

现在，可以把张量传入前面的 imshow 函数，将张量转换成图片：

```
imshow(train[50][0])
```

上述代码生成的输出如图 3.8 所示。

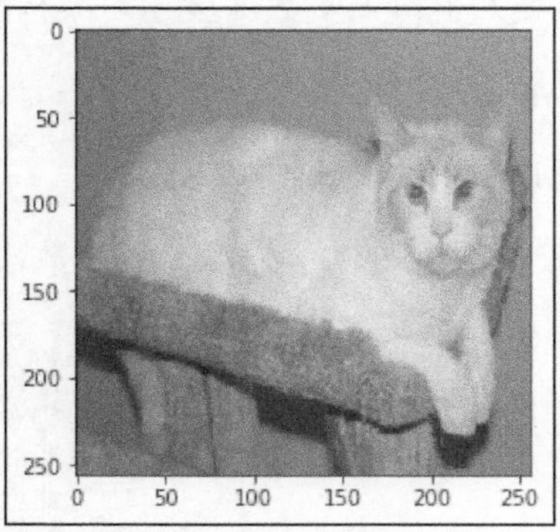

图 3.8

2. 按批加载 PyTorch 张量

在深度学习或机器学习中把图片进行批取样是一个通用实践，因为当今的图形处理器（GPU）和 CPU 都为批量图片的操作进行了优化。批尺寸根据我们使用的 GPU 种类而不同。每个 GPU 都有自己的内存，可能从 2GB 到 12GB 不等，有时商业 GPU 内存会更大。PyTorch 提供了 `DataLoader` 类，它输入数据集将返回批图片。它抽象出了批处理的很多复杂度，如应用变换时的多 worker 的使用。下面的代码把前面的 `train` 和 `valid` 数据集转换到数据加载器（data loader）中：

```
train_data_gen =
  torch.utils.data.DataLoader(train,batch_size=64,num_workers=3)
valid_data_gen =
  torch.utils.data.DataLoader(valid,batch_size=64,num_workers=3)
```

`DataLoader` 类提供了很多选项，其中最常使用的选项如下。

- `shuffle`：为 true 时，每次调用数据加载器时都混合排列图片。
- `num_workers`：负责并发。使用少于机器内核数量的 worker 是一个通用的实践。

3. 构建网络架构

对于大多的真实用例，特别是在计算机视觉中，我们很少构建自己的架构。可以使用已有的不同架构快速解决我们的真实问题。在我们的例子中，使用了流行的名为 ResNet 的深度学习算法，它在 2015 年赢得了不同竞赛的冠军，如与计算机视觉相关的 ImageNet。为了更容易理解，我们假设算法是一些仔细连接在一起的不同的 PyTorch 层，并不关注算法的内部。在第 5 章学习卷积神经网络（CNN）时，我们将看到一些关键的 ResNet 算法的构造块。PyTorch 通过 `torchvision.models` 模块提供的现成应用使得用户更容易使用这样的流行算法。因而，对于本例，我们快速看一下如何使用算法，然后再详解每行代码：

```
model_ft = models.resnet18(pretrained=True)
num_ftrs = model_ft.fc.in_features
model_ft.fc = nn.Linear(num_ftrs, 2)

if is_cuda:
    model_ft = model_ft.cuda()
```

`models.resnet18(pertrained = True)` 对象创建了算法的实例，实例是 PyTorch 层的集合。我们打印出 `model_ft`，快速地看一看哪些东西构成了 ResNet 算法。

算法的一小部分看起来如图 3.9 所示。这里没有包含整个算法，因为这很可能会占用几页内容。

```
ResNet (
  (conv1): Conv2d(3, 64, kernel_size=(7, 7), stride=(2, 2), padding=(3, 3), bias=False)
  (bn1): BatchNorm2d(64, eps=1e-05, momentum=0.1, affine=True)
  (relu): ReLU (inplace)
  (maxpool): MaxPool2d (size=(3, 3), stride=(2, 2), padding=(1, 1), dilation=(1, 1))
  (layer1): Sequential (
    (0): BasicBlock (
      (conv1): Conv2d(64, 64, kernel_size=(3, 3), stride=(1, 1), padding=(1, 1), bias=False)
      (bn1): BatchNorm2d(64, eps=1e-05, momentum=0.1, affine=True)
      (relu): ReLU (inplace)
      (conv2): Conv2d(64, 64, kernel_size=(3, 3), stride=(1, 1), padding=(1, 1), bias=False)
      (bn2): BatchNorm2d(64, eps=1e-05, momentum=0.1, affine=True)
    )
    (1): BasicBlock (
      (conv1): Conv2d(64, 64, kernel_size=(3, 3), stride=(1, 1), padding=(1, 1), bias=False)
      (bn1): BatchNorm2d(64, eps=1e-05, momentum=0.1, affine=True)
      (relu): ReLU (inplace)
      (conv2): Conv2d(64, 64, kernel_size=(3, 3), stride=(1, 1), padding=(1, 1), bias=False)
      (bn2): BatchNorm2d(64, eps=1e-05, momentum=0.1, affine=True)
    )
  )
  (layer2): Sequential (
    (0): BasicBlock (
      (conv1): Conv2d(64, 128, kernel_size=(3, 3), stride=(2, 2), padding=(1, 1), bias=False)
      (bn1): BatchNorm2d(128, eps=1e-05, momentum=0.1, affine=True)
```

图 3.9

可以看出，ResNet 架构是一个层的集合，包含的层为 Conv2d、BatchNorm2d 和 MaxPool2d，这些层以一种特有的方式组合在一起。所有这些算法都将接受一个名为 pretrained 的参数。当 pretrained 为 True 时，算法的权重已为特定的 ImageNet 分类问题微调好。ImageNet 预测的类别有 1000 种，包括汽车、船、鱼、猫和狗等。训练该算法，使其预测 1000 种 ImageNet 类别，权重调整到某一点，让算法得到最高的准确率。我们为用例使用这些保存好并与模型共享的权重。与以随机权重开始的情况相比，算法以微调好的权重开始时会趋向于工作得更好。因而，我们的用例将从预训练好的权重开始。

ResNet 算法不能直接使用，因为它是用来预测 1,000 种类别，而对于我们的用例，仅需预测猫和狗这两种类别。为此，我们拿到 ResNet 模型的最后一层——linear 层，并把输出特征改成 2，如下面的代码所示：

```
model_ft.fc = nn.Linear(num_ftrs, 2)
```

如果在基于 GPU 的机器上运行算法，需要在模型上调用 cuda 方法，让算法在 GPU 上运行。强烈建议在装备了 GPU 的机器上运行这些算法；有了 GPU 后，用很少的钱就可以扩展出一个云实例。下面代码片段的最后一行告知 PyTorch 在 GPU 上运行代码：

```
if is_cuda:
    model_ft = model_ft.cuda()
```

4. 训练模型

前一节中，我们已经创建了 DataLoader 实例和算法。现在训练模型。为此我们需要 loss 函数和 optimizer：

```
# 损失函数和优化器
learning_rate = 0.001
criterion = nn.CrossEntropyLoss()
optimizer_ft = optim.SGD(model_ft.parameters(), lr=0.001, momentum=0.9)
exp_lr_scheduler = lr_scheduler.StepLR(optimizer_ft, step_size=7,
  gamma=0.1)
```

在上述代码中，创建了基于 CrossEntropyLoss 的 loss 函数和基于 SGD 的优化器。StepLR 函数帮助动态修改学习率。第 4 章将讨论用于调优学习率的不同策略。

下面的 train_model 函数获取模型输入，并通过多轮训练调优算法的权重降低损失：

```
def train_model(model, criterion, optimizer, scheduler, num_epochs=25):
    since = time.time()

    best_model_wts = model.state_dict()
    best_acc = 0.0

    for epoch in range(num_epochs):
        print('Epoch {}/{}'.format(epoch, num_epochs - 1))
        print('-' * 10)

        #每轮都有训练和验证阶段
        for phase in ['train', 'valid']:
            if phase == 'train':
                scheduler.step()
                model.train(True) # 模型设为训练模式
            else:
                model.train(False) # 模型设为评估模式

            running_loss = 0.0
            running_corrects = 0

            #在数据上迭代
```

```
            for data in dataloaders[phase]:
                # 获取输入
                inputs, labels = data

                # 封装成变量
                if is_cuda:
                    inputs = Variable(inputs.cuda())
                    labels = Variable(labels.cuda())
                else:
                    inputs, labels = Variable(inputs),
Variable(labels)

                #梯度参数清 0
                optimizer.zero_grad()

                #前向
                outputs = model(inputs)
                _, preds = torch.max(outputs.data, 1)
                loss = criterion(outputs, labels)

                #只在训练阶段反向优化
                if phase == 'train':
                    loss.backward()
                    optimizer.step()

                #统计
                running_loss += loss.data[0]
                running_corrects += torch.sum(preds == labels.data)

            epoch_loss = running_loss / dataset_sizes[phase]
            epoch_acc = running_corrects / dataset_sizes[phase]

            print('{} Loss: {:.4f} Acc: {:.4f}'.format(
                phase, epoch_loss, epoch_acc))

            #深度复制模型
            if phase == 'valid' and epoch_acc > best_acc:
                best_acc = epoch_acc
                best_model_wts = model.state_dict()

        print()

    time_elapsed = time.time() - since
    print('Training complete in {:.0f}m {:.0f}s'.format(
```

```
        time_elapsed // 60, time_elapsed % 60))
    print('Best val Acc: {:4f}'.format(best_acc))

    #加载最优权重
    model.load_state_dict(best_model_wts)
    return model
```

上述函数的功能如下。

1. 传入流经模型的图片并计算损失。

2. 在训练阶段反向传播。在验证/测试阶段，不调整权重。

3. 每轮训练中的损失值跨批次累加。

4. 存储最优模型并打印验证准确率。

上面的模型在运行 25 轮后，验证准确率达到了 87%。下面是前面的 train_model 函数在 Dogs vs. Cats 数据集上训练时生成的日志；为了节省篇幅，本书只包含了最后几轮的结果。

```
Epoch 18/24
----------
train Loss: 0.0044 Acc: 0.9877
valid Loss: 0.0059 Acc: 0.8740

Epoch 19/24
----------
train Loss: 0.0043 Acc: 0.9914
valid Loss: 0.0059 Acc: 0.8725

Epoch 20/24
----------
train Loss: 0.0041 Acc: 0.9932
valid Loss: 0.0060 Acc: 0.8725

Epoch 21/24
----------
train Loss: 0.0041 Acc: 0.9937
valid Loss: 0.0060 Acc: 0.8725

Epoch 22/24
----------
train Loss: 0.0041 Acc: 0.9938
valid Loss: 0.0060 Acc: 0.8725
```

```
Epoch 23/24
----------
train Loss: 0.0041 Acc: 0.9938
valid Loss: 0.0060 Acc: 0.8725

Epoch 24/24
----------
train Loss: 0.0040 Acc: 0.9939
valid Loss: 0.0060 Acc: 0.8725

Training complete in 27m 8s
Best val Acc: 0.874000
```

接下来的章节中，我们将学习可以以更快的方式训练更高准确率模型的高级技术。前面的模型在 Titan X GPU 上运行了 30 分钟的时间，后面将讲述有助于更快训练模型的不同技术。

3.2　小结

本章通过使用 SGD 优化器调整层权重，讲解了 PyTorch 中神经网络的全生命周期——从构成不同类型的层，到加入激活函数、计算交叉熵损失，再到优化网络性能（即最小化损失）。

本章还介绍了如何应用流行的 ResNet 架构解决二分类和多类别分类问题。

同时，我们尝试解决了真实的图像分类问题，把猫的图片归类为 cat，把狗的图片归类为 dog。这些知识可以用于对不同的实体进行分类，如辨别鱼的种类，识别狗的品种，划分植物种子，将子宫癌归类成 Type1、Type2 和 Type3 型等。

下一章将讲述机器学习的基础知识。

第 4 章
机器学习基础

前文讲解了如何建立深度学习模型来解决分类和回归问题，比如图像分类和平均用户观看时间预测的示例。同样地，我们从直观上了解了如何处理深度学习问题。本章将介绍如何处理不同种类的问题，以及可以改善模型性能的不同的潜在方法。

本章涵盖了以下主题：

- 分类和回归之外的其他类型的问题；
- 评估问题，理解过拟合、欠拟合，以及解决这些问题的技巧；
- 为深度学习准备数据。

请记住，在本章中讨论的大多数技术都是机器学习和深度学习通用的，一部分用于解决过拟合问题的技术（如 dropout）除外。

4.1 三类机器学习问题

在之前的所有例子中，尝试解决的是分类（预测猫或狗）或回归（预测用户在平台上花费的平均时间）问题。所有这些都是有监督学习的例子，目的是找到训练样例和目标之间的映射关系，并用来预测未知数据。

有监督学习只是机器学习的一部分，机器学习也有其他不同的部分。以下是 3 种不同类型的机器学习：

- 有监督学习；
- 无监督学习；

- 强化学习。

下面详细讲解各种算法。

4.1.1　有监督学习

在深度学习和机器学习领域中，大多数成功用例都属于有监督学习。本书中所涵盖的大多数例子也都是有监督学习的一部分。来看看有监督学习的一些常见的例子。

- **分类问题**：狗和猫的分类。
- **回归问题**：预测股票价格、板球比赛成绩等。
- **图像分割**：进行像素级分类。对于自动汽车驾驶来说，从摄像机拍摄的照片中，识别出每个像素属于什么物体是很重要的。这些像素可以是汽车、行人、树、公共汽车等。
- **语音识别**：OK Google、Alexa 和 Siri 都是语音识别的例子。
- **语言翻译**：从一种语言翻译成另一种语言。

4.1.2　无监督学习

在没有标签数据的情况时，可以通过可视化和压缩来帮助无监督学习技术理解数据。两种常用的无监督学习技术是：

- 聚类；
- 降维。

聚类有助于将所有相似的数据点组合在一起。降维有助于减少维数，从而可视化高维数据，并找到任何隐藏的模式。

4.1.3　强化学习

强化学习是最不流行的机器学习范畴。在真实世界中没有发现它的成功用例。然而，近年来有了些改变，来自 Google 的 DeepMind 团队成功地构建了基于强化学习的系统，并且在 AlphaGo 比赛中赢得世界冠军。计算机可以在比赛中击败人类的这种技术上的进展，曾被认为需要花费数十年时间才能实现。然而，使用深度学习和强化学习却可以这么快就达到目标，比任何人所预见的都要快。这些技术已经可以看到早期的成功，但可能需要几年时间才能成为主流。

在本书中，我们将主要关注有监督的技术和一些特定于深度学习的无监督技术，例如用于创建特定风格图片的生成网络：风格迁移（style transfer）和生成对抗网络（generative adversarial network）。

4.2 机器学习术语

前面几章出现了大量的术语，如果大家刚入门机器学习或深度学习领域，这些术语看起来会比较生疏。这里将列出机器学习中常用的多数术语，这些通常也在深度学习文献中使用。

- **样本（sample）或输入（input）或数据点（data point）**：训练集中特定的实例。我们在上一章中看到的图像分类问题，每个图像都可以被称为样本、输入或数据点。
- **预测（prediction）或输出（output）**：由算法生成的值称为输出。例如，在先前的例子中，我们的算法对特定图像预测的结果为0，而0是给定的猫的标签，所以数字0就是我们的预测或输出。
- **目标（target）或标签（label）**：图像实际标注的标签。
- **损失值（loss value）或预测误差（prediction error）**：预测值与实际值之间的差距。数值越小，准确率越高。
- **类别（classes）**：给定数据集的一组可能的值或标签。在前一章的例子中有猫和狗两种类别。
- **二分类（binary classification）**：将输入实例归类为两个互斥类别中的其中一个的分类任务。
- **多类别分类（multi-class classification）**：将输入实例归类为两个以上的不同类别的分类任务。
- **多标签分类（multi-label classification）**：一个输入实例可以用多个标签来标记。例如根据提供的食物不同来标记餐馆，如意大利菜、墨西哥菜和印度菜。另一个常见的例子是图片中的对象检测，它使用算法识别出图片中的不同对象。

- **标量回归（scalar regression）：**每个输入数据点都与一个标量质量（scalar quality）相关联，该标量质量是数值型的。这样的例子有预测房价、股票价格和板球得分等。
- **向量回归（vector regression）：**算法需要预测不止一个标量质量。一个很好的例子当你试图识别图片中鱼的位置边界框时。为了预测边界框，您的算法需要预测表示正方形边缘的 4 个标量。
- **批（batch）：**大多数情况下，我们在称为批的输入样本集上训练我们的算法。取决于 GPU 的内存，批尺寸一般从 2～256 不等，权重也在每个批次上进行更新，因此算法往往比在单个样例上训练时学习的更快。
- **轮数：**在整个数据集上运行一遍算法称为一个 Epoch。通常要训练（更新权重）几个 Epoch。

4.3　评估机器学习模型

在上一章中介绍的图像分类示例中，我们将数据分成两个不同的部分，一个用于训练，一个用于验证。使用单独的数据集来测试算法的性能是一种很好的做法，因为在训练集上测试算法可能无法让用户获得算法真正的泛化能力。在大多数现实世界的用例中，基于验证的准确率，我们经常以不同方式来调整算法，例如添加更多的层或不同的层，或者使用不同的技术，这些将在本章的后面部分进行介绍。因此，选择基于验证数据集来调整算法的可能性更高。以这种方式训练的算法往往在训练数据集和验证数据集上表现良好，但当应用到未知的数据时可能会失败。验证数据集上的信息泄露会影响到对算法的调整。

为了避免信息泄露并改进泛化的问题，通常的做法是将数据集分成 3 个不同的部分，即训练、验证和测试数据集。我们在训练集和验证集上训练算法并调优所有超参数。最后，当完成整个训练时，在测试数据集上对算法进行测试。我们讨论过有两种类型的参数。一种是在算法内使用的参数或权重，通过优化器或反向传播进行调优。另一种是称为超参数（hyper parameter）的参数，这些参数控制着网络中所用层的数量、学习率以及通常改变架构（这种改变经常是手动调整的）的其他类型的参数。

特定的算法在训练集中表现非常优越，但在验证集或测试集上却表现不佳的现象称为过拟合（overfitting），或者说算法缺乏泛化的能力。存在一种相反的现象，即算法在训练集上的表现不佳，这种现象称为欠拟合（underfitting）。后面将学习可以帮助解决过拟合和欠拟合问题的不同策略。

在了解过拟合和欠拟合之前，先看看可用于拆分数据集的各种策略。

4.3.1 训练、验证和测试集的拆分

将数据划分成3个部分——训练、验证和测试数据集是最佳实践。使用保留（holdout）数据集的最佳方法如下所示。

1. 在训练数据集上训练算法。
2. 在验证数据集上进行超参数调优。
3. 迭代执行前两个步骤，直到达到预期的性能。
4. 在冻结算法和超参数后，在测试数据集上进行评估。

应避免只将数据划分成两部分，因为这可能导致信息泄露。在相同的数据集上进行训练和测试是绝对不不允许的，这将无法保证算法的泛化能力。将数据分割成训练集和验证集有3种常用的保留策略，它们是：

- 简单保留验证；
- K折验证；
- 迭代K折验证。

1. 简单保留验证

划分一定比例的数据作为测试数据集。留出多大比例的数据可能是和特定问题相关的，并且很大程度上依赖于可用的数据量。特别是对于计算机视觉和自然语言处理领域中的问题，收集标签数据可能非常昂贵，因此留出30%的测试数据（比例相当大）可能会使算法学习起来非常困难，因为用于训练的数据很少。因此，需要根据数据的可用性，谨慎地选择划分比例。测试数据拆分后，在冻结算法及其超参数前，要保持数据的隔离。为了给问题选择最佳超参数，请选择单独的验证数据集。为了避免过拟合，通常将可用数据划分成3个不同的集合，如图4.1所示。

上一章使用了图4.1的简单实现来创建验证数据集，实现的快照如下：

```
files = glob(os.path.join(path,'*/*.jpg'))
no_of_images = len(files)
shuffle = np.random.permutation(no_of_images)
```

```
train = files[shuffle[:int(no_of_images*0.8)]]
valid = files[shuffle[int(no_of_images*0.8):]]
```

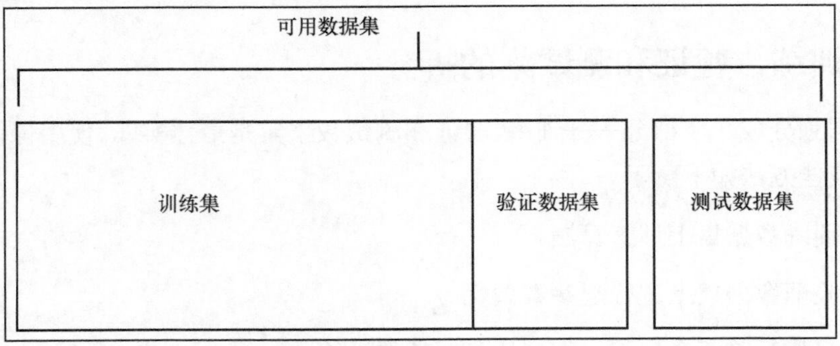

图 4.1

这是最简单的保留策略之一，通常在开始时使用。在小型数据集上使用这种划分策略有一个弊端，验证数据集或测试数据集中的现有数据可能不具有统计代表性。在划分数据前混洗数据即可以轻松意识到这一点。如果得到的结果不一致，那么需要使用更好的方法。为了避免这个问题，我们最后通常使用 K 折（K-fold）验证或迭代 K 折（iterated k-fold）验证。

2．K 折验证

留出一定比例的数据用于测试，然后将整个数据集分成 K 个数据包，其中 K 可以是任意数值，通常从 2 到 10 不等。在任意给定的迭代中，选取一个包作为验证数据集，并用其余的数据包训练算法。最后的评分通常是在 K 个包上获得的所有评分的平均值。图 4.2 所示为一个 K 折验证的实现，其中 K 为 4；也就是说，数据划分成 4 部分（称为 4 折验证）。

使用 K 折验证数据集时，要注意的一个关键问题是它的代价非常昂贵，因为需要在数据集的不同部分上运行该算法数次，这对于计算密集型算法来说是非常昂贵的，特别是在计算机视觉算法领域。有时候，训练算法可以花费从几分钟到几天的时间。所以，请谨慎地使用这项技术。

3．带混洗的 K 折验证

为了使算法变得复杂和健壮，可以在每次创建保留的验证数据集时混洗数据。当小幅度的性能提升提升可能会对业务产生巨大影响时，这种做法是有益的。如果我们的情况是快速构建和部署算法，并且可以接受百分之几的性能差异，那么这种方法可能并不值得。所有这一切都取决于试图要解决的问题，以及对准确率的要求。

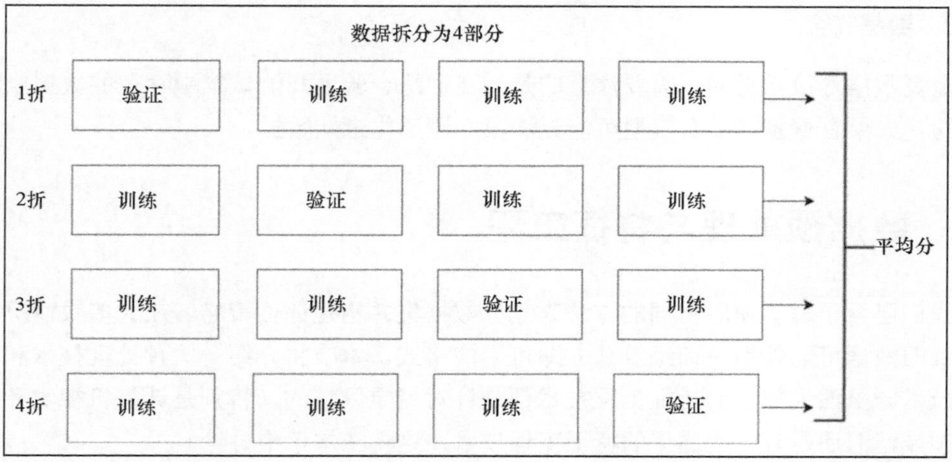

图 4.2

在拆分数据时可能需要考虑其他一些事情，例如：

- 数据代表性；
- 时间敏感性；
- 数据冗余。

1．数据代表性

在上一章中的例子中，我们把图像分类为狗或者猫。假设有这样一个场景，所有的图像已被排序，其中前 60%的图像是狗，其余的是猫。如果选择前面的 80%作为训练数据集，其余的作为验证集来分割这个数据集，那么验证数据集将无法代表数据集的真实性，因为它只包含猫的图像。因此，在这些情况下，应该注意通过在分割或进行分层抽样之前对数据进行混洗来实现数据的良好混合。分层抽样是指从每个类别中提取数据点来创建验证和测试数据集。

2．时间敏感性

让我们以股价预测为例。我们有从 1 月到 12 月的数据。在这种情况下，如果进行混洗或分层抽样，那么最终将会造成信息的泄露，因为价格很可能是时间敏感的。因此，创建验证数据集时应采用不会引起信息泄露的方式。本例中，选择 12 月的数据作为验证数据集可能更合理。实际的股价预测用例比这要复杂得多，因此在选择验证分割时，特定领域的知识也会发挥作用。

3. 数据冗余

重复数据是很常见的。需要注意的是，在训练、验证和测试集中存在的数据应该是唯一的。如果有重复，那么模型可能无法很好地泛化未知数据。

4.4　数据预处理与特征工程

我们已经了解了使用不同的方法来划分数据集并构建评估策略。在大多数情况下，接收到的数据可能并不是训练算法立即可用的格式。本节将介绍一些预处理技术和特征工程技术。虽然大部分的特征工程技术都是针对特定领域的，特别是计算机视觉和文本处理领域，但还是有一些通用的特征工程技术，这将在本章中讨论。

神经网络的数据预处理是一个使数据更适合于深度学习算法训练的过程。以下是一些常用的数据预处理步骤：

- 向量化；
- 归一化；
- 缺失值；
- 特征提取。

4.4.1　向量化

数据通常表现为各种格式，如文本、声音、图像和视频。首先要做的就是把数据转换成 PyTorch 张量。在前面的例子中，使用 `tourchvision` 的工具函数将 Python 图形库（Python Imaging Library，PIL）的图片转换成张量对象，尽管 PyTorch `torchvision` 库抽取出了大部分的复杂度。在第 7 章中处理递归神经网络（Recurrent Neural Network，RNN）时，将了解如何把文本数据转换成 PyTorch 张量。对于涉及结构化数据的问题，数据已经以向量化的格式存在，我们需要做的就是把它们转换成 PyTorch 张量。

4.4.2　值归一化

在将数据传递到任何机器学习算法或深度学习算法之前，将特征归一化是一种通用实践。它有助于更快地训练算法并达到更高的性能。归一化是指，将特定特征的数据表示成均值为 0、标准差为 1 的数据的过程。

在上一章所描述的狗猫分类的例子中，使用了 ImageNet 数据集中已有的均值和标准差来归一化数据。我们选择 ImageNet 数据集的均值和标准差的原因，是因为使用的 ReNet 模型的权重是在 ImageNet 上进行预训练的。通常的做法是将每个像素值除以 255，使得所有值都在 0 和 1 之间，尤其是在不使用预训练权重的情况下。

归一化也适用于涉及结构化数据的问题。假设我们正在研究房价预测问题，可能存在不同规模的不同特征。例如，到最近的机场的距离和房子的屋龄是具备不同度量的变量或特征。将它们与神经网络一起使用可以防止梯度收敛。简单来说，损失可能不会像预期的那样下降。因此，在对算法进行训练之前，应该谨慎地将归一化应用到任何类型的数据上。为了使算法或模型性能更好，应确保数据遵循以下规则。

- 取较小的值：通常取值在 0 和 1 之间。
- 相同值域：确保所有特征都在同一数据范围内。

4.4.3 处理缺失值

缺失值在现实世界的机器学习问题中是很常见的。从之前预测房价的例子来看，房屋屋龄的某些信息可能会丢失。通常用不可能出现的数字替换缺失值是安全的。算法将能够识别模式。还有其他技术可用于处理更特定领域的缺失值。

4.4.4 特征工程

特征工程是利用特定问题的领域知识来创建可以传递给模型的新变量或特征的过程。为了更好地理解，来看一个销售预测的问题。假设我们有促销日期、假期、竞争者的开始日期、与竞争对手的距离以及特定日期的销售情况。在现实世界中，有数以百计的特征可以用来预测店铺的价格，可能有一些信息在预测销售方面很重要。一些重要的特征或衍生价值是：

- 知道下一次促销的日期；
- 距离下一个假期还有多少天；
- 竞争对手的业务开放天数。

还有许多这样的特征可以从领域知识中提取出来。对于任何机器学习算法或深度学习算法，算法自动提取这种类别的特征都是相当具有挑战性的。对于某些领域，特别是在计算机视觉和文本领域，现代深度学习算法有助于我们摆脱特征工程。除了这些领域，良好的特征工程对下述方面也总是有益的。

- 用较少的计算资源就可以更快地解决问题。
- 深度学习算法可以使用大量数据自己学习出特征，不再使用手动的特征工程。所以，如果你注重数据，可以专注于构建良好的特征工程。

4.5　过拟合与欠拟合

理解过拟合和欠拟合是成功构建机器学习和深度学习模型的关键。在本章的开头，我们简要地描述了什么是过拟合和欠拟合，这里将详细解释过拟合和欠拟合的概念，以及如何解决过拟合和欠拟合问题。

过拟合或不泛化，是机器学习和深度学习中的一类常见问题。当特定的算法在训练数据集上执行得很好，但在未知数据或验证和测试数据集上表现不佳时，就说算法过拟合了。这种情况的发生主要是因为算法过于特定于训练集而造成的。简单来说，我们可以理解为该算法找出了一种方法来记忆数据集，使其在训练数据集上表现得很好，但无法对未知数据执行。有不同的技术可以用来避免算法的过拟合。这些技术是：

- 获取更多数据；
- 缩小网络规模；
- 应用权重正则化；
- 应用 dropout。

4.5.1　获取更多数据

如果能够获得更多的用于算法训练的数据，则可以通过关注一般模式而不是特定于小数据点的模式来帮助算法避免过拟合。在某些情况下，获取更多标签数据可能是一项挑战。

有一些技术，如数据增强，可用于在计算机视觉相关的问题中生成更多的训练数据。数据增强是一种让用户通过执行不同的操作，如旋转、裁剪和生成更多数据，来轻微调整图像的技术。在对行业知识足够了解时，如果获取实际数据的成本很高，也可以创建人造数据。当无法获得更多数据时，还有其他方法可以帮助避免过拟合。让我们看看这些方法。

4.5.2 缩小网络规模

网络的大小通常是指网络中使用的层数或权重参数的数量。在上一章中的图像分类例子中，我们使用了一个 ResNet 模型，它包含具有不同层的 18 个组成模块。PyTorch 中的 torchvision 库具有不同大小的 ResNet 模型，从 18 个块开始，最多可达 152 个块。比如说，如果我们使用具有 152 个块的 ResNet 模型导致了过拟合，那么可以尝试使用 101 个块或 50 个块的 ResNet。在构建的自定义架构中，可以简单地去除一些中间线性层，从而阻止我们的 PyTorch 模型记忆训练数据集。让我们来看一个示例代码片段，它演示了缩小网络规模的确切含义：

```
class Architecture1(nn.Module):
    def __init__(self, input_size, hidden_size, num_classes):
        super(Architecture1, self).__init__()
        self.fc1 = nn.Linear(input_size,  hidden_size)
        self.relu nn.ReLU()
        self.fc2 = nn.Linear(hidden_size, num_classes)
        self.relu = nn.ReLU()
        self.fc3 = nn.Linear(hidden_size, num_classes)
    def forward(self, x):
        out = self.fc1(x)
        out = self.relu(out)
        out = self.fc2(out)
        out = self.relu(out)
        out = self.fc3(out)
        return out
```

上面的架构有 3 个线性层，假设它在训练数据上过拟合了，让我们重新创建更低容量的架构：

```
class Architecture2(nn.Module):
    def __init__(self, input_size, hidden_size, num_classes):
        super(Architecture2, self).__init__()
        self.fc1 = nn.Linear(input_size, hidden_size)
        self.relu = nn.ReLU()
        self.fc2 = nn.Linear(hidden_size, num_classes)
    def forward(self, x):
        out = self.fc1(x)
        out = self.relu(out)
```

```
        out = self.fc2(out)
        return out
```

上面的架构只有两个线性层，减少了容量后，潜在地避免了训练数据集的过拟合问题。

4.5.3　应用权重正则化

有助于解决过拟合或泛化问题的关键原则之一是建立更简单的模型。一种构建简单模型的技术是通过减小模型大小来降低架构的复杂性。另一个重要的事情是确保不会采用更大的网络权重值。当模型的权重较大时，正则化通过惩罚模型来提供对网络的约束。每当模型使用较大的权重值时，正则化开始启动并增加损失值，从而惩罚模型。有两种类型的可能的正则化方案，如下所示。

- **L1 正则化：**权重系数的绝对值之和被添加到成本中。它通常称为权重的 L1 范数。
- **L2 正则化：**所有权重系数的平方和被添加到成本中。它通常称为权重的 L2 范数。

PyTorch 提供了一种使用 L2 正则化的简单方法，就是通过在优化器中启用 weight_decay 参数：

```
model =Architecture1(10, 20, 2)

optimizer = torch.optim.Adam(model.parameters(), lr=1e-4,
weight_decay=1e-5)
```

默认情况下，权重衰减参数设置为 0。可以尝试不同的权重衰减值；一个较小的值，比如 1e-5 大多时候都是有效的。

4.5.4　应用 dropout

dropout 是深度学习中最常用和最强大的正则化技术之一，由多伦多大学的 Hinton 和他的学生开发。dropout 在训练期间被应用到模型的中间层。让我们看一下如何在生成 10 个值的线性层的输出上应用 dropout（见图 4.3）。

图 4.3 所示为 dropout 阈值设置为 0.2 并应用于线性层时发生的情况。它随机地屏蔽或归零 20%的数据，这样模型将不依赖于一组特定的权重或模式，从而不会导致过拟合。让我们来看另一个例子，在这里使用一个阈值为 0.5 的 dropout（见图 4.4）。

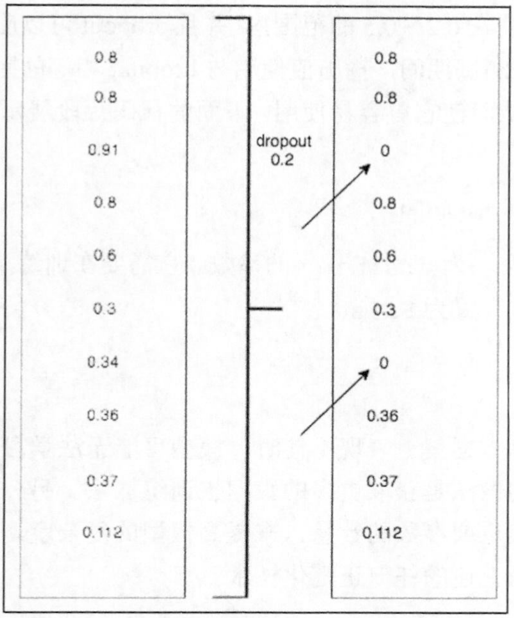
0.8
0.8
0.91
0.8
0.6
0.3
0.34
0.36
0.37
0.112
dropout
0.2
0.8
0.8
0
0.8
0.6
0.3
0
0.36
0.37
0.112
图 4.3

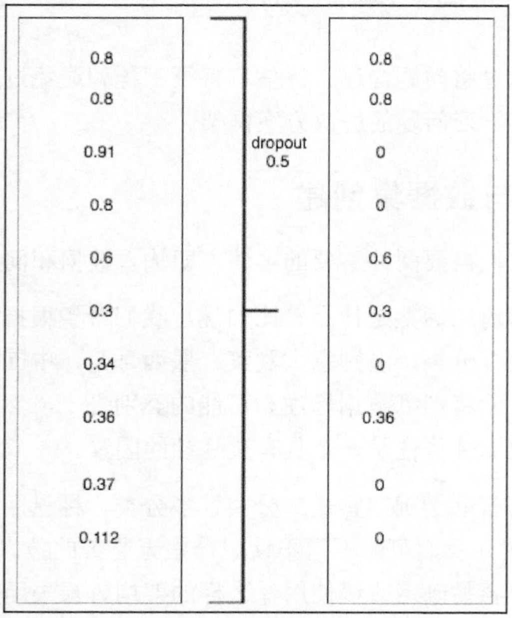
0.8
0.8
0.91
0.8
0.6
0.3
0.34
0.36
0.37
0.112
dropout
0.5
0.8
0.8
0
0
0.6
0.3
0
0.36
0
0
图 4.4

通常 dropout 的阈值在 0.2～0.5 的范围内，并且 dropout 可以应用在不同的层。dropout 仅在训练期间使用，在测试期间，输出值使用与 dropout 相等的因子缩小。PyTroch 允许将 dropout 作为一层，从而使它更容易使用。下面的代码片段展示了如何在 PyTorch 中使用一个 dropout 层：

```
nn.dropout(x, training=True)
```

dropout 层接受一个名为 `training` 的参数，它需要在训练阶段设置为 `True`，而在验证阶段或测试阶段时设置为 `False`。

4.5.5　欠拟合

当模型明显在训练数据集上表现不佳时，模型可能无法学习出任何模式。当模型无法拟合的时候，通常的做法是获取更多的数据来训练算法。另一种方法是通过增加层数或增加模型所使用的权重或参数的数量，来提高模型的复杂度。通常在实际过拟合数据集之前，最好不要使用上述的任何正则化技术。

4.6　机器学习项目的工作流

在本节中，我们通过将问题描述、评估、特征工程和避免过拟合结合起来，形成一个可用于解决任何机器学习问题的解决方案框架。

4.6.1　问题定义与数据集创建

为了定义问题，我们需要两件重要的事情，即输入数据和问题类型。

我们的输入数据和对应标签是什么？比如说，我们希望根据顾客提供的评论基于提供的特色菜式对餐馆进行分类，区别意大利菜、墨西哥菜、中国菜和印度菜等。要开始处理这类问题，需要手动将训练数据标注为可能的类别之一，然后才可以对算法进行训练。在此阶段，数据可用性往往是一个具有挑战性的因素。

识别问题的类型将有助于确定它是二分类、多分类、标量回归（房屋定价）还是向量回归（边界框）。有时，我们可能不得不使用一些无监督的技术，如聚类和降维。一旦识别出问题类型，就更容易确定应该使用什么样的架构、损失函数和优化器。

在获得了输入并确定了问题的类型后，就可以开始使用以下假设来构建模型：

- 数据中隐藏的模式有助于将输入映射到输出；
- 我们拥有的数据足以让模型进行学习。

作为机器学习的实践者，我们需要理解的是可能无法仅用一些输入数据和目标数据来构建模型。下面以股票价格预测为例。假设有代表历史价格、历史表现和竞争细节的特征，但仍然不能建立一个有意义的模型来预测股票价格，因为股票价格实际上可能受到各种其他因素的影响，比如国内外政治环境、自然因素，以及输入数据可能无法表示的许多其他因素。因此，任何机器学习或深度学习模型都无法识别出模式。因此，请基于领域仔细挑选可以成为目标变量的真实指标的特征。所有这些都可能是模型不拟合的原因。

机器学习还有另一个重要的假设。未来或未知的数据将接近历史数据所描述的模式。有时，模型失败的原因可能是历史数据中不存在模式，或者模型训练的数据未涵盖某些季节性或模式。

4.6.2 成功的衡量标准

成功的衡量标准将直接取决于业务目标。例如，当试图预测风车何时会发生下一次机器故障时，我们会对模型能够预测到故障的次数更感兴趣。简单地使用准确率可能是错误的度量，因为大多数时候模型在机器不出现故障时预测都正确，因为这是最常见的输出。假设得到了 98%的准确率，但模型每次预测故障时都是错误的，这样的模型在现实世界中可能没有任何用处。选择正确的成功度量标准对于业务问题至关重要。通常，这类问题具有不平衡的数据集。

对于平衡分类问题，其中所有的类别都具有相似的准确率，ROC 和 AUC 是常见的度量。对于不平衡的数据集，可以使用查准率（precision）和查全率（recall）。对于排名问题，可以使用平均精度均值（Mean Average Precision，MAP）。

4.6.3 评估协议

决定好如何评估当前的进展后，重要的事情就是如何评估数据集。可以从评估进展的 3 种不同方式中进行选择。

- **保留验证集**：这是最常用的，尤其是当有足够的数据时。
- **K 折交叉验证**：当数据有限时，这个策略有助于对数据的不同部分进行评估，从而有助于更好地了解性能。

- **迭代 K 折验证：**想进一步提升模型的性能时，这种方法会有所帮助。

4.6.4　准备数据

通过向量化将不同格式的可用数据转换成张量，并确保所有特征进行了伸缩和归一化处理。

4.6.5　模型基线

创建一个非常简单的模型来打破基线分数。在之前的狗猫分类示例中，基线准确度应该是 0.5，我们的简单模型应该能够超过这个分数。如果无法超过基线分数，则输入数据可能不包含进行必要预测所需的必要信息。记住，不要在这一步引入任何正则化或 dropout。

要使模型工作，必须要做出 3 个重要的选择。

- **最后一层的选择：**对于回归问题，应该是生成标量值作为输出的线性层。对于向量回归问题，应是生成多个标量输出的相同线性层。对于边界框问题，输出的是 4 个值。对于二分类问题，通常使用 sigmoid，对于多类别分类问题，则为 softmax。
- **损失函数的选择：**问题的类型将有助于决定损失函数。对于回归问题，如预测房价，我们使用均方误差（Mean Squared Error，MSE），对于分类问题，使用分类交叉熵。
- **优化：**选择正确的优化算法及其中的一些超参数是相当棘手的，我们可以通过试验找出。对于大多数用例，Adam 或 RMSprop 优化算法效果更好。下面将介绍一些可用于学习率选择的技巧。

下面总结一下在深度学习算法中，网络的最后一层将使用什么样的损失函数和激活函数（见表 4.1）。

表 4.1

问题类型	激活函数	损失函数
二分类	sigmoid	`nn.CrossEntropyLoss()`
多类别分类	softmax	`nn.CrossEntropyLoss()`

续表

问题类型	激活函数	损失函数
多标签分类	sigmoid	`nn.CrossEntropyLoss()`
回归	无	MSE
向量回归	无	MSE

4.6.6 大到过拟合的模型

一旦模型具有了足够的容量来超越基线分数，就要增加基线容量。增加架构能力的一些简单技巧如下：

- 为现有架构中添加更多层；
- 为已存在的层加入更多权重；
- 训练更多轮数。

我们通常将模型训练足够的轮数，当训练准确率还在提高但验证准确性却停止增加并且可能开始下降时停止训练，这就是模型开始过拟合的地方。到达这个阶段后，就需要应用正则化技术。

请记住，层的数量、大小和训练轮数可能会因问题而异。较小的架构可以用于简单的分类问题，但是对于面部识别等复杂问题，模型架构要有足够的表示能力，并且模型要比简单的分类问题训练更长的时间。

4.6.7 应用正则化

找到最佳的方法来调整模型或算法是过程中最棘手的部分之一，因为有很多参数需要调整。可对下面这些用于正则化模型的参数进行调整。

- **添加 dropout**：这可能很复杂，因为可以在不同的层之间添加，并且找到最佳位置通常是通过试验来完成的。要添加的 dropout 百分比也很棘手，因为它纯粹依赖于我们试图解决的问题的描述。从较小的数值开始（如 0.2），通常是最佳实践。
- **尝试不同的架构**：可以尝试不同的架构、激活函数、层数、权重，或层的参数。
- **添加 L1 或 L2 正则化**：可以使用正则化中的任何一个。

- **尝试不同的学习率**：在这里有不同的技术可以使用，本章后面部分将讨论。
- **添加更多特征或更多数据**：可以通过获取更多的数据或增强数据来实现。

我们将使用验证数据集来调整所有上述的超参数。在不断地迭代和调整超参数的同时，可能会遇到数据泄露的问题。因此，应确保有用于测试的保留数据。如果模型在测试数据集上的性能相比训练集和验证集要好，那么我们的模型很有可能在未知的数据上表现良好。但是，如果模型在测试数据上表现不佳，但是在验证和训练数据上表现很好，那么验证数据很可能不是对真实世界数据集的良好表示。在这样的情况下，可以使用 K 折验证或迭代 K 折验证数据集。

4.6.8 学习率选择策略

找到合适的学习率来训练模型是一个还在进行中的研究领域，并且已经取得了很多进展。PyTorch 提供了一些调整学习率的技术，它们由 `torch.optim.lr_sheduler` 包提供。我们将探讨 PyTorch 提供的一些动态选择学习率的技术。

- **StepLR**：这个调度器有两个重要的参数。第一个参数是步长，它表示学习率多少轮改变一次，第二个参数是 gamma，它决定学习率必须改变多少。

  对学习率 0.01 来说，在步长 10 和 gamma 为 0.1 的情况下，学习率每 10 轮以 gamma 的倍数变化。也就是说，对于前 10 轮，学习率变为 0.001，并且在接下来的 10 轮，变成 0.0001。下面的代码解释了 StepLR 的实现。

```
scheduler = StepLR(optimizer, step_size=30, gamma=0.1)
for epoch in range(100):
    scheduler.step()
    train(...)
    validate(...)
```

- **MultiStepLR**：MultiStepLR 与 StepLR 的工作方式类似，只不过步长不是规则间断的，步长以列表的形式给出。例如，给出的步长列表为 10、15、30，并且对于每个步长，学习率要乘上 gamma 值。下面的代码演示了 `MultiStepLR` 的实现。

```
scheduler = MultiStepLR(optimizer, milestones=[30,80], gamma=0.1)
for epoch in range(100):
    scheduler.step()
    train(...)
    validate(...)
```

- **ExponentialLR：**每一轮都将学习率乘上 gamma 值。
- **ReduceLROnPlateau：**这是常用的学习率策略之一。应用本策略时，当特定的度量指标，如训练损失、验证损失或准确率不再变化时，学习率就会改变。通用实践是将学习率的原始值降低为原来的 1/2～1/10。ReduceLRInPlateau 的实现如下所示。

```
optimizer = torch.optim.SGD(model.parameters(), lr=0.1,
  momentum=0.9)
scheduler = ReduceLROnPlateau(optimizer, 'min')
for epoch in range(10):
    train(...)
    val_loss = validate(...)
    # Note that step should be called after validate()
    scheduler.step(val_loss)
```

4.7 小结

本章介绍了一些用于解决机器学习或深度学习问题的常见和最佳实践。本章介绍了各种重要的步骤，例如创建问题陈述、选择算法、超越基线分数、增加模型的容量直到它过拟合数据集、应用正则化技术来防止过拟合、增加泛化能力、调整模型或算法的不同参数，并探索可使深度学习模型更优更快训练的不同的学习策略。

下一章将介绍用于构建先进的卷积神经网络（CNN）的不同组件，还将介绍迁移学习，这有助于在可用的数据很少时训练图像分类器。下一章还将介绍有助于更快地训练这些算法的技术。

第 5 章 深度学习之计算机视觉

在第 3 章中，使用了名为 ResNet 的流行的卷积神经网络（Convolutional Neural Network，CNN）架构构建了一个图像分类器，我们将此模型作为黑盒使用。本章将讨论卷积网络的重要组成部分。本章将涵盖如下重要主题：

- 神经网络简介；
- 从零开始构建 CNN 模型；
- 创建和探索 VGG16 模型；
- 计算预卷积特征；
- 理解 CNN 模型如何学习；
- CNN 层的可视化权重。

本章将探讨如何从零开始构建一个解决图像分类问题的架构，这是最常见的用例。本章还将讲解如何使用迁移学习，这将有助于我们使用非常小的数据集构建图像分类器。

除了学习如何使用 CNN，还将探讨这些卷积网络的学习内容。

5.1 神经网络简介

在过去几年中，CNN 已经在图像识别、对象检测、分割以及计算机视觉领域的许多其他任务中得到广泛应用。它们也在自然语言处理（Natural Language Processing，NLP）领域变得流行，尽管还没有被普遍使用。全连接层和卷积层之间的根本区别在于权重在中间层中彼此连接的方式。图 5.1 描述了全连接层或线性层是如何工作的。

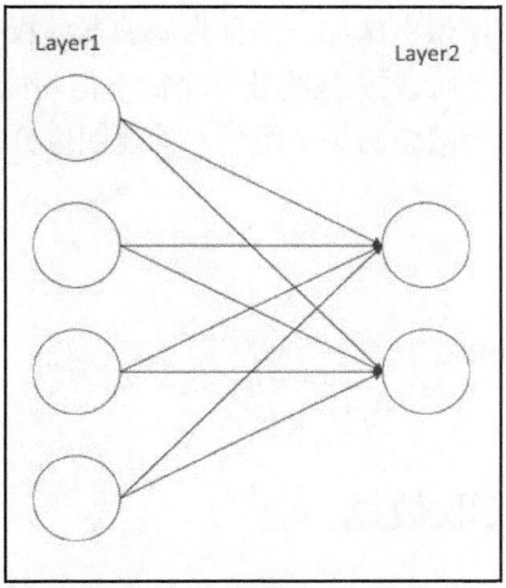

图 5.1

在计算机视觉中使用线性层或全连接层的最大挑战之一是它们丢失了所有空间信息，并且就全连接层使用的权重数量而言复杂度太高。例如，当将 224 像素的图像表示为平面阵列时，我们最终得到的数组长度是 150,528（224×224×3 通道）。当图像扁平化后，我们失去了所有的空间信息。让我们来看看 CNN 的简化版本是什么样子的，如图 5.2 所示。

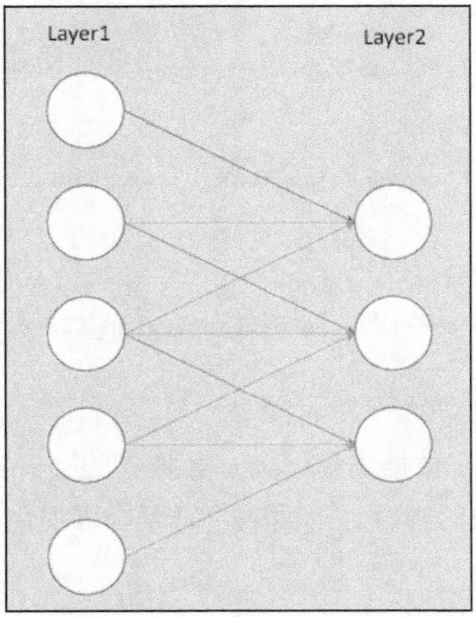

图 5.2

所有卷积层所做的是在图像上施加一个称为滤波器的权重窗口。在详细理解卷积和其他构建模块之前，先为 MNIST 数据集构建一个简单但功能强大的图像分类器。一旦构建了这个分类器，我们将遍历网络的每个组件。构建图像分类器可分为以下步骤。

- 获取数据。
- 创建验证数据集。
- 从零开始构建 CNN 模型。
- 训练和验证模型。

5.1.1 MNIST——获取数据

MNIST 数据集包含 60,000 个用于训练的 0~9 的手写数字图片，以及用于测试集的 10,000 张图片。PyTorch 的 torchvision 库提供了一个 MNIST 数据集，它下载并以易于使用的格式提供数据。让我们用 MNIST 函数把数据集下载到本机，并封装成 DataLoader。我们将使用 torchvision 变换将数据转换成 PyTorch 张量并进行归一化。下面的代码负责下载数据、把数据封装成 DataLoader 以及数据的归一化处理：

```
transformation =
  transforms.Compose([transforms.ToTensor(),
  transforms.Normalize((0.1307,), (0.3081,))])

train_dataset =
  datasets.MNIST('data/',train=True,transform=transformation,
    download=True)
test_dataset =
  datasets.MNIST('data/',train=False,transform=transformation,
    download=True)

train_loader=
  torch.utils.data.DataLoader(train_dataset,batch_size=32,shuffle=True)
test_loader=
  torch.utils.data.DataLoader(test_dataset,batch_size=32,shuffle=True)
```

上述代码提供了 train 数据集和 test 数据集的 DataLoader。让我们可视化展示一些图片，以理解要处理的内容。下面的代码可以可视化 MNIST 图片：

```
def plot_img(image):
    image = image.numpy()[0]
    mean = 0.1307
    std = 0.3081
```

```
    image = ((mean * image) + std)
    plt.imshow(image,cmap='gray')
```

现在通过传入 plot_img 方法来可视化数据集。下面的代码从 DataLoader 中提取出一批记录，并绘制图像：

```
sample_data = next(iter(train_loader))
plot_img(sample_data[0][1])
plot_img(sample_data[0][2])
```

图像按照图 5.3 所示的方式进行显示。

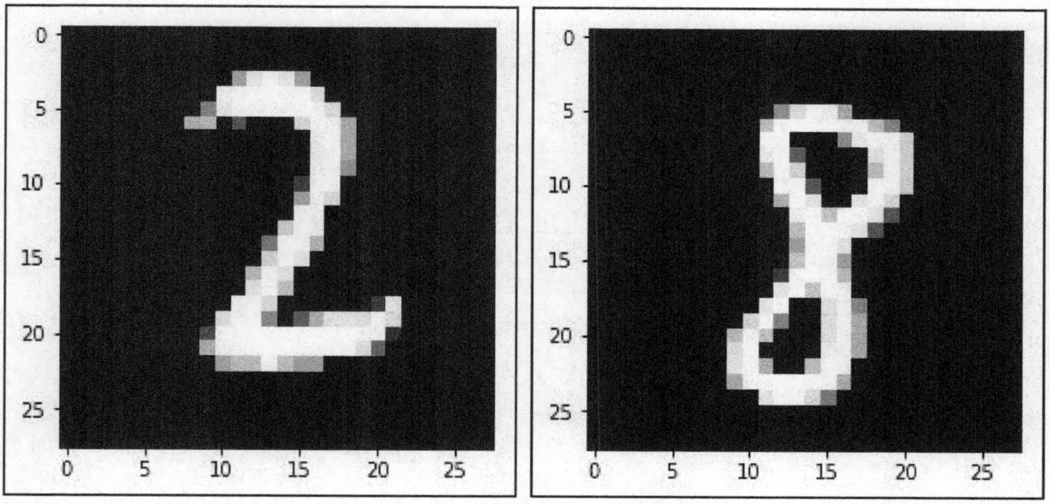

图 5.3

5.2 从零开始构建 CNN 模型

对于这个例子，让我们从头开始构建自己的架构。我们的网络架构将包含不同层的组合，即：

- Conv2d；
- MaxPool2d；
- 修正线性单元（**Rectified Linear Unit，RelU**）；
- 视图；

● 线性层。

让我们看看将要实现的架构的图形表示（见图 5.4）。

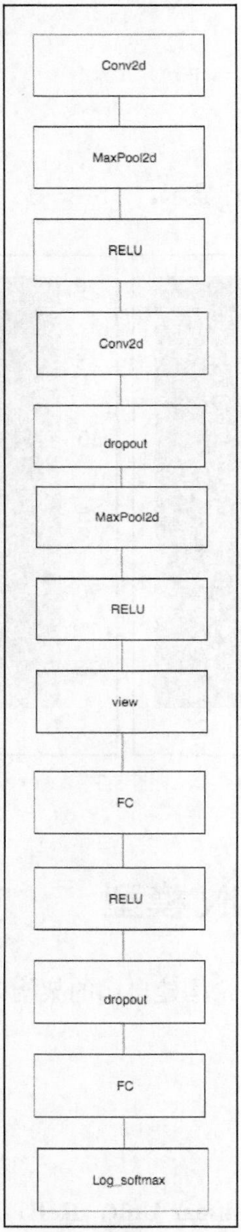

图 5.4

用 PyTorch 实现这个架构，然后详细了解每个层的作用：

```
class Net(nn.Module):
    def __init__(self):
        super().__init__()
        self.conv1 =nn.Conv2d(1, 10, kernel_size=5)
        self.conv2 = nn.Conv2d(10, 20, kernel_size=5)
        self.conv2_drop = nn.Dropout2d()
        self.fc1 = nn.Linear(320, 50)
        self.fc2 = nn.Linear(50, 10)

    def forward(self, x):
        x = F.relu(F.max_pool2d(self.conv1(x), 2))
        x = F.relu(F.max_pool2d(self.conv2_drop(self.conv2(x)), 2))
        x = x.view(-1, 320)
        x = F.relu(self.fc1(x))
        x = F.dropout(x, training=self.training)
        x = self.fc2(x)
        return F.log_softmax(x)
```

下面来详细了解每一层所做的事情。

5.2.1 Conv2d

Conv2d 负责在 MNIST 图像上应用卷积滤波器。让我们试着理解如何在一维数组上应用卷积，然后转向如何将二维卷积应用于图像。我们查看图 5.5，将大小为 3 的滤波器（或内核）Conv1d 应用于长度为 7 的张量：

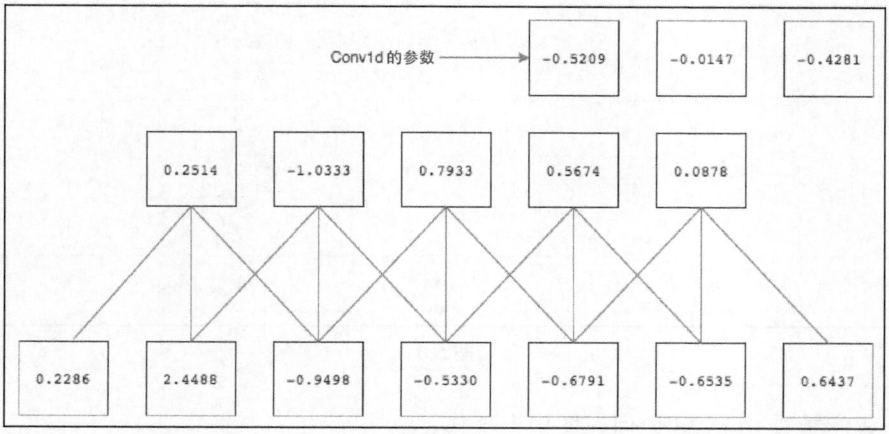

图 5.5

底部框表示 7 个值的输入张量，连接框表示应用 3 个卷积滤波器后的输出。在图像的右上角，3 个框表示 Conv1d 层的权重和参数。卷积滤波器像窗口一样应用，并通过跳过一个值移动到下一个值。要跳过的值称为步幅，并默认设置为 1。下面通过写下第一个和最后一个输出的计算来理解如何计算输出值：

Output 1 -> (-0.5209 *x* 0.2286) + (-0.0147 *x* 2.4488) + (-0.4281 *x* -0.9498)

Output 5 -> (-0.5209 *x* -0.6791) + (-0.0147 *x* -0.6535) + (-0.4281 *x* 0.6437)

所以，到目前为止，对卷积的作用应该比较清楚了。卷积基于移动步幅值在输入上应用滤波器，即一组权重。在前面的例子中，滤波器每次移动一格。如果步幅值是 2，滤波器将每次移动 2 格。下面看看 PyTorch 的实现，来理解它是如何工作的：

```
conv = nn.Conv1d(1,1,3,bias=False)
sample = torch.randn(1,1,7)
conv(Variable(sample))

#检查卷积滤波器的权重
conv.weight
```

还有另一个重要的参数，称为填充，它通常与卷积一起使用。如果仔细地观察前面的例子，大家可能会意识到，如果直到数据的最后才能应用滤波器，那么当数据没有足够的元素可以跨越时，它就会停止。填充则是通过在张量的两端添加 0 来防止这种情况。下面看一个关于如何填充一维数组的例子。

在图 5.6 中，我们应用了填充为 2 步幅为 1 的 Conv1d 层。

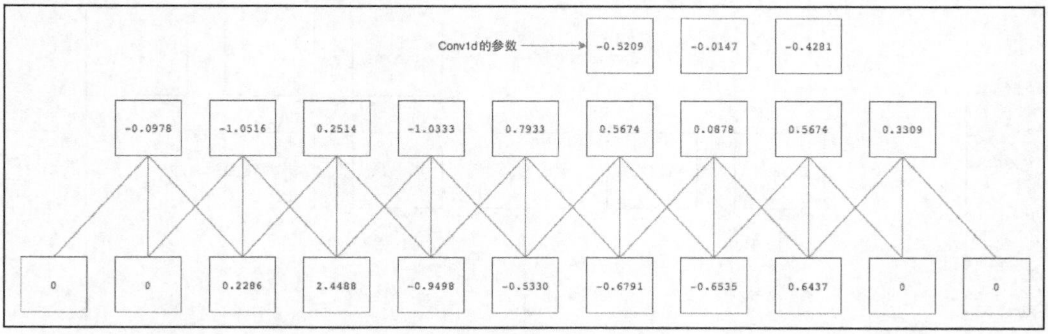

图 5.6

让我们看看 Conv2d 如何在图像上工作。

在了解 Conv2d 的工作原理之前，强烈建议大家查看一个非常好的博客（http://setosa.io/ev/image-kernels/），其中包含一个关于卷积如何工作的现场演示。花几分钟看完演示之后，请阅读下文。

我们来理解一下演示中发生的事情。在图像的中心框中，有两组不同的数字：一个在方框中表示；另一个在方框下方。在框中表示的那些是像素值，如左边照片上的白色框所突出显示的那样。在框下面表示的数字是用于对图像进行锐化的滤波器（或内核）值。这些数字是精心挑选的，以完成一项特定的工作。在本例中，它用于锐化图像。如前面的例子中一样，我们进行元素级的乘法运算并将所有值相加，生成右侧图像中像素的值。生成的值在图像右侧的白色框中高亮显示。

虽然在这个例子中内核中的值是精心选择的，但是在 CNN 中我们不会去精选值，而是随机地初始化它们，并让梯度下降和反向传播调整内核的值。学习的内核将负责识别不同的特征，如线条、曲线和眼睛。下面来看图 5.7，我们把它看成是一个数字矩阵，看看卷积是如何工作的。

0.8643	-0.9223	-0.6164	-0.0553	-0.1823	-0.9787			Kernel	
-0.3225	-1.69	0.9717	0.9717	-1.6914	0.2931		0	0	1
0.1787	0.6866	0.1085	-0.4997	0.7529	2.0344		-1	-1	-1
-0.4454333	0.967	0.8795	-0.3055	0.5616	3.4627		0.1	0.2	0.3
-0.7882333	1.77145	1.24195	-0.5277	1.0292	4.96925				
-1.1310333	2.5759	1.6044	-0.7499	1.4968	6.4758				
	Output								
0.61214									

图 5.7

在图 5.7 中，假设用 6×6 矩阵表示图像，并且应用大小为 3×3 的卷积滤波器，然后展示如何生成输出。简单起见，我们只计算矩阵的高亮部分。通过执行以下计算生成输出：

Output -> *0.86 x 0 + -0.92 x 0 + -0.61 x 1 + -0.32 x -1 + -1.69 x -1 +* ……

`Conv2d` 函数中使用的另一个重要参数是 `kernel_size`，它决定了内核的大小。常用的内核大小有为 1、3、5 和 7。内核越大，滤波器可以覆盖的面积就越大，因此通常会观察到大小为 7 或 9 的滤波器应用于早期层中的输入数据。

5.2.2 池化

通用的实践是在卷积层之后添加池化（pooling）层，因为它们会降低特征平面和卷积层输出的大小。

池化提供两种不同的功能：一个是减小要处理的数据大小；另一个是强制算法不关注图像位置的微小变化。例如，面部检测算法应该能够检测图片中的面部，而不管照片中面部的位置。

我们来看看 MaxPool2d 的工作原理。它也同样具有内核大小和步幅的概念。它与卷积不同，因为它没有任何权重，只是对前一层中每个滤波器生成的数据起作用。如果内核大小为 2×2，则它会考虑图像中 2×2 的区域并选择该区域的最大值。让我们看看图 5.8，它清楚地说明了 MaxPool2d 的工作原理。

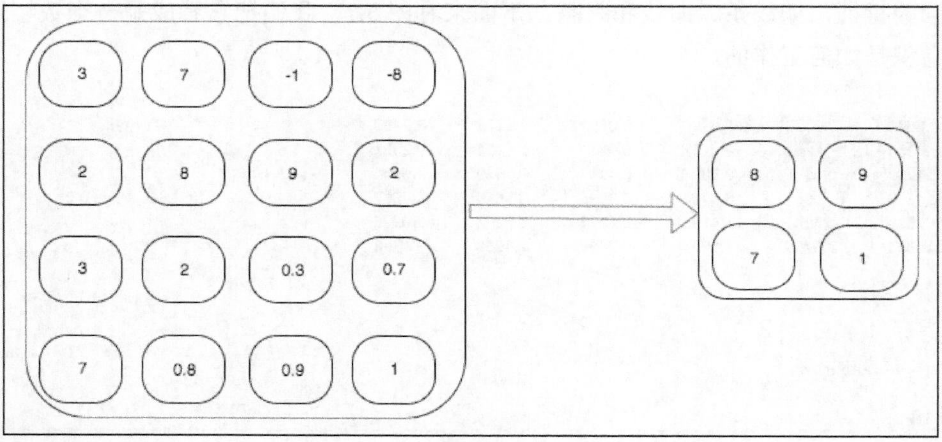

图 5.8

左侧的框包含特征平面的值。在应用最大池化之后，输出存储在框的右侧。我们写出输出第一行中值的计算代码，看看输出是如何计算的：

$$Output1 \rightarrow Maximum(3,7,2,8) \rightarrow 8$$

$$Output2 \rightarrow Maximum(-1,-8,9,2) \rightarrow 9$$

另一种常用的池化技术是平均池化，需要把 `average` 函数替换成 `maxinum` 函数。

图 5.9 说明了平均池化的工作原理。

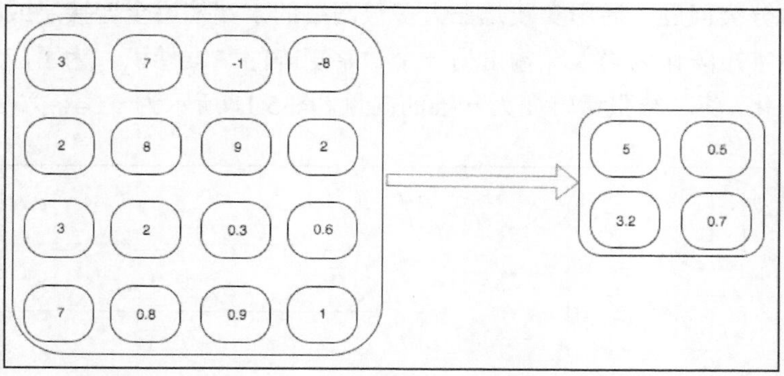

图 5.9

在这个例子中，我们取的是 4 个值的平均值，而不是 4 个值的最大值。让我们写出计算代码，以便更容易理解：

$$Output1 \text{ -> } Average(3,7,2,8) \text{ -> } 84$$

$$Output2 \text{ -> } Average(-1,-8,9,2) \text{ -> } -37$$

5.2.3 非线性激活——ReLU

在最大池化之后或者在应用卷积之后使用非线性层是通用的最佳实践。大多数网络架构倾向于使用 ReLu 或不同风格的 ReLu。无论选择什么非线性函数，它都作用于特征平面的每个元素。为了使其更直观，来看一个示例（见图 5.10），其中把 ReLU 应用到应用过最大池化和平均池化的相同特征平面上：

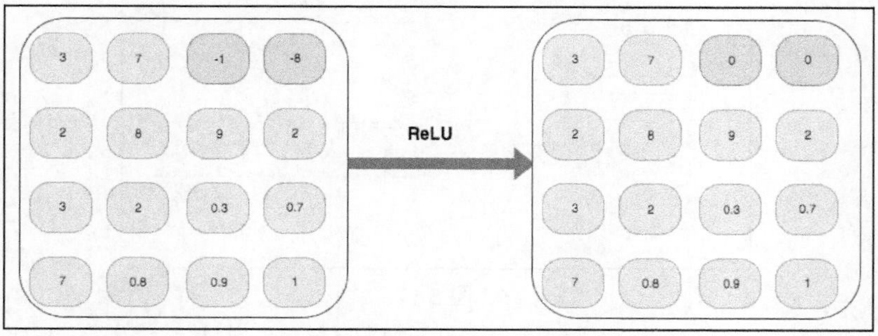

图 5.10

5.2.4 视图

对于图像分类问题，通用实践是在大多数网络的末端使用全连接层或线性层。我们使用一个以数字矩阵作为输入并输出另一个数字矩阵的二维卷积。为了应用线性层，需要将矩阵扁平化，将二维张量转变为一维的向量。图 5.11 所示为 view 方法的工作原理。

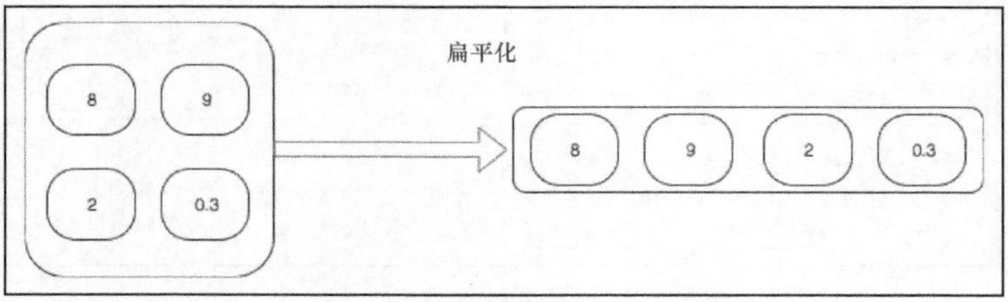

图 5.11

让我们看看在网络中实现该功能的代码：

```
x.view(-1,320)
```

可以看到，view 方法将使 n 维张量扁平化为一维张量。在我们的网络中，第一个维度是每个图像。批处理后的输入数据维度是 *32×1×28×28*，其中第一个数字 32 表示将有 32 个高度为 28、宽度为 28 和通道为 1 的图像，因为图像是黑白的。当进行扁平化处理时，我们不想把不同图像的数据扁平化到一起或者混合数据，因此，传给 view 函数的第一个参数将指示 PyTorch 避免在第一维上扁平化数据。来看看图 5.12 中的工作原理。

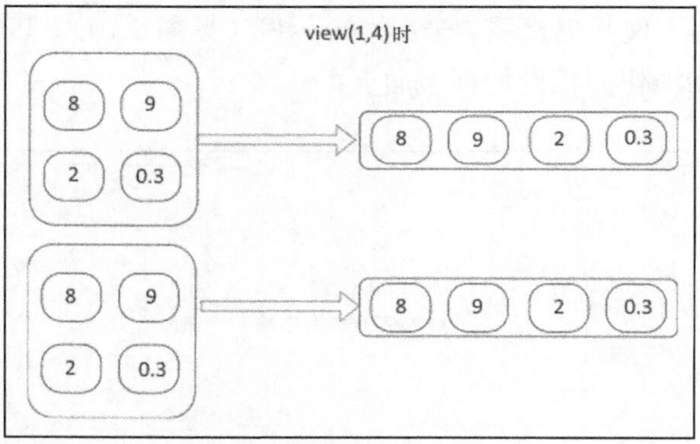

图 5.12

在上面的例子中，我们有大小为 *2×1×2×2* 的数据；在应用 view 函数之后，它会

转换成大小为 *2×1×4* 的张量。让我们再看一下没有使用参数-1 的另一个例子（见图 5.13）。

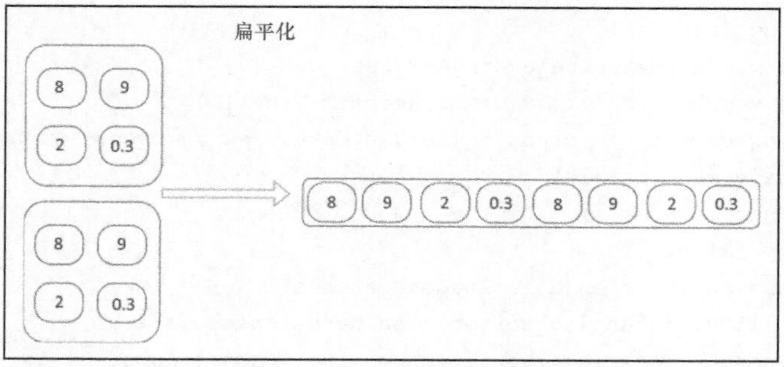

图 5.13

如果忘了指明要扁平化哪一个维度的参数，可能会得到意想不到的结果。所以在这一步要格外小心。

线性层

在将数据从二维张量转换为一维张量之后，把数据传入非线性层，然后传入非线性的激活层。在我们的架构中，共有两个线性层，一个后面跟着 ReLU，另一个后面跟着 `log_softmax`，用于预测给定图片中包含的数字。

5.2.5 训练模型

训练模型的过程与之前的狗猫图像分类问题相同。下面的代码片段在提供的数据集上对我们的模型进行训练：

```
def fit(epoch,model,data_loader,phase='training',volatile=False):
    if phase == 'training':
        model.train()
    if phase == 'validation':
        model.eval()
        volatile=True
    running_loss = 0.0
    running_correct = 0
    for batch_idx , (data,target) in enumerate(data_loader):
        if is_cuda:
            data,target = data.cuda(),target.cuda()
        data , target = Variable(data,volatile),Variable(target)
```

```
        if phase == 'training':
            optimizer.zero_grad()
        output = model(data)
        loss = F.nll_loss(output,target)
        running_loss +=
F.nll_loss(output,target,size_average=False).data[0]
        preds = output.data.max(dim=1,keepdim=True)[1]
        running_correct += preds.eq(target.data.view_as(preds)).cpu().sum()
        if phase == 'training':
            loss.backward()
            optimizer.step()
    loss = running_loss/len(data_loader.dataset)
    accuracy = 100. * running_correct/len(data_loader.dataset)
    print(f'{phase} loss is {loss:{5}.{2}} and {phase} accuracy is
{running_correct}/{len(data_loader.dataset)}{accuracy:{10}.{4}}')
    return loss,accuracy
```

该方法针对 training 和 validation 具有不同的逻辑。使用不同模式主要有两个原因：

- 在 training 模式中，**dropout** 会删除一定百分比的值，这在验证或测试阶段不应发生。
- 对于 training 模式，计算梯度并改变模型的参数值，但是在测试或验证阶段不需要反向传播。

上一个函数中的大多数代码都是不言自明的，就如前几章所述。在函数的末尾，我们返回特定轮数中模型的 loss 和 accuracy。

让我们通过前面的函数将模型运行 20 次迭代，并绘制出 training 和 validation 上的 loss 和 accuracy，以了解网络表现的好坏。以下代码将 fit 方法在 training 和 validation 数据集上运行 20 次迭代：

```
model = Net()
if is_cuda:
    model.cuda()
optimizer = optim.SGD(model.parameters(),lr=0.01,momentum=0.5)
train_losses , train_accuracy = [],[]
val_losses , val_accuracy = [],[]
for epoch in range(1,20):
    epoch_loss, epoch_accuracy =
fit(epoch,model,train_loader,phase='training')
    val_epoch_loss , val_epoch_accuracy =
```

```
fit(epoch,model,test_loader,phase='validation')
    train_losses.append(epoch_loss)
    train_accuracy.append(epoch_accuracy)
    val_losses.append(val_epoch_loss)
    val_accuracy.append(val_epoch_accuracy)
```

以下代码绘制出了训练和测试的损失值：

```
plt.plot(range(1,len(train_losses)+1),train_losses,'bo',label = 'training
loss')
plt.plot(range(1,len(val_losses)+1),val_losses,'r',label = 'validation
loss')
plt.legend()
```

上述代码生成的图片如图 5.14 所示。

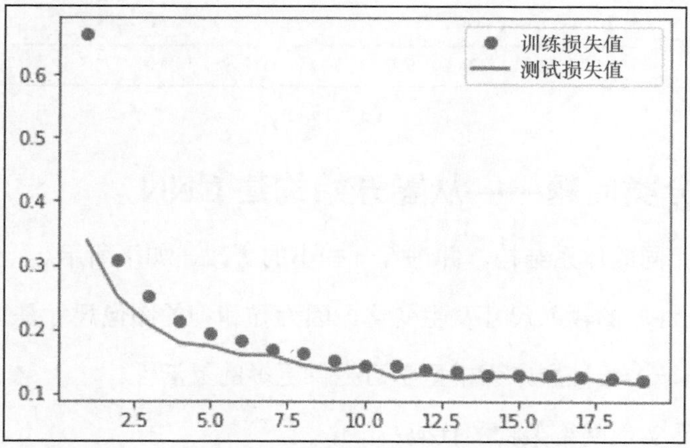

图 5.14

下面的代码绘制出了训练和测试的准确率：

```
plt.plot(range(1,len(train_accuracy)+1),train_accuracy,'bo',label = 'train
accuracy')
plt.plot(range(1,len(val_accuracy)+1),val_accuracy,'r',label = 'val
accuracy')
plt.legend()
```

上述代码生成的图片如图 5.15 所示。

在 20 轮训练后，我们达到了 98.9%的测试准确率。我们使用简单的卷积模型，几乎达到了最先进的结果。让我们看看在之前使用的 Dogs vs. Cats 数据集上尝试相同的网络架构时会发生什么。我们将使用之前第 2 章中的数据和 MNIST 示例中的架构并略微修改。一旦训练好了模型，我们将评估模型，以了解架构表现的优异程度。

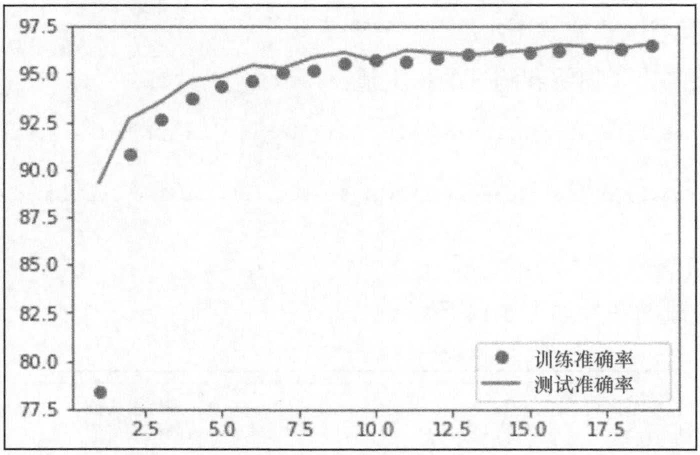

图 5.15

5.2.6 狗猫分类问题——从零开始构建 CNN

我们将使用相同的体系结构，并进行一些小的更改，如下所示。

- 第一个线性层的输入尺寸发生变化，因为猫和狗的图像尺寸是（256, 256）。
- 添加了另一个线性层来为模型学习提供更多的灵活性。

让我们来看看实现网络架构的代码：

```
class Net(nn.Module):
    def __init__(self):
        super__().-init__()
        self.convl =nn.Conv2d(3, 10, kernel_size=5)
        self.conv2 = nn.Conv2d(10, 20, kernel_size=5)
        self.conv2_drop = nn.Dropout2d()
        self.fcl = nn.Linear(56180, 500)
        self.fc2 = nn.Linear(500,50)
        self.fc3 = nn.Linear(50, 2)

    def forward(self, x):
        x = F.relu(F.max_pool2d(self.convl(x), 2))
        x = F.relu(F.max_pool2d(self.conv2_drop(self.conv2(x)), 2))
        x = x.view(x.size(0),-1)
```

```
        x = F.relu(self.fc1(x))
        x = F.dropout(x, training=self.training)
        x = F.relu(self.fc2(x))
        x = F.dropout(x,training=self.training)
        x = self.fc3(x)
        return F.log_softmax(x,dim=1)
```

我们将使用与 MNIST 示例相同的 training 函数。所以，这里不再包含代码。但是让我们看一下模型训练 20 次迭代后生成的结果图。

训练和验证数据集的损失值如图 5.16 所示。

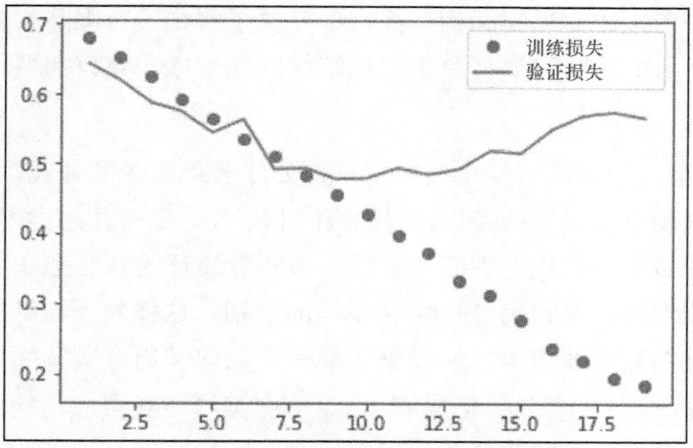

图 5.16

训练和验证数据集的准确率如图 5.17 所示。

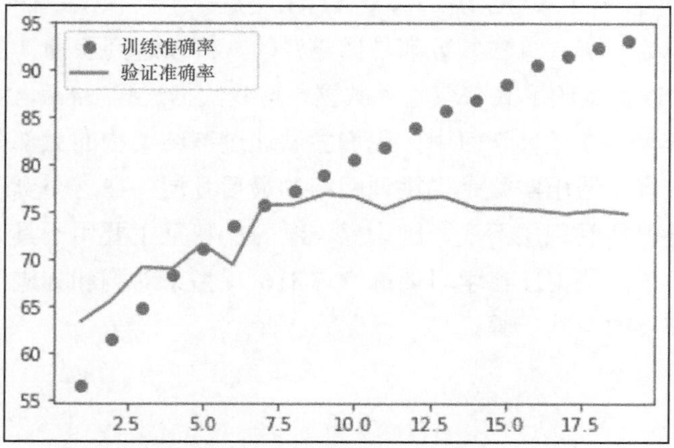

图 5.17

从图中可以清楚地看出，对于每次迭代，训练集的损失都在减少，而验证集的损失却变得更糟。在训练过程中，准确率也增加，但在 75%时几乎饱和。显而易见，这是一个模型没有泛化的例子。我们将研究另一种称为迁移学习的技术，它可以帮助我们训练更准确的模型，以及加快训练的速度。

5.2.7　利用迁移学习对狗猫分类

迁移学习是指在类似的数据集上使用训练好的算法，而无须从头开始训练。人类并不是通过分析数千个相似的图像来识别新的图像。作为人类，我们只是通过了解不同特征来区分特定动物的，比如狐狸和狗。我们不需要了解线条、眼睛和其他较小的特征来识别狐狸。因此，我们将学习如何使用预训练好的模型来构建只需要很少数据的最先进的图像分类器。

CNN 架构的前几层专注于较小的特征，例如线条或曲线的外观。CNN 架构的随后几层中的滤波器识别更高级别的特征，例如眼睛和手指，最后几层学习识别确切的类别。预训练模型是在相似的数据集上训练的算法。大多数流行的算法都在流行的 `ImageNet` 数据集上进行了预训练，以识别 1,000 种不同的类别。这样的预训练模型具有可以识别多种模式的调整好的滤波器权重。所以来了解一下如何利用这些预先训练的权重。我们将研究一种名为 VGG16 的算法，它是在 ImageNet 竞赛中获得成功的最早的算法之一。虽然有更多的现代算法，但该算法仍然很受欢迎，因为它简单易懂并可用于迁移学习。下面来看看 VGG16 模型的架构（见图 5.18），然后尝试理解架构以及使用它来训练我们的图像分类器。

VGG16 架构包含 5 个 VGG 块。每个 VGG 块是一组卷积层、一个非线性激活函数和一个最大池化函数。所有算法参数都是调整好的，可以达到识别 1,000 个类别的最先进的结果。该算法以批量的形式获取输入数据，这些数据通过 `ImageNet` 数据集的均值和标准差进行归一化。在迁移学习中，我们尝试通过冻结架构的大部分层的学习参数来捕获算法的学习内容。通用实践是仅微调网络的最后几层。在这个例子中，我们只训练最后几个线性层并保持卷积层不变，因为卷积学习的特征主要用于具有类似属性的各种图像相关的问题。下面使用迁移学习训练 VGG16 模型来对狗和猫进行分类。我们看看实现这一目的所需要的不同步骤。

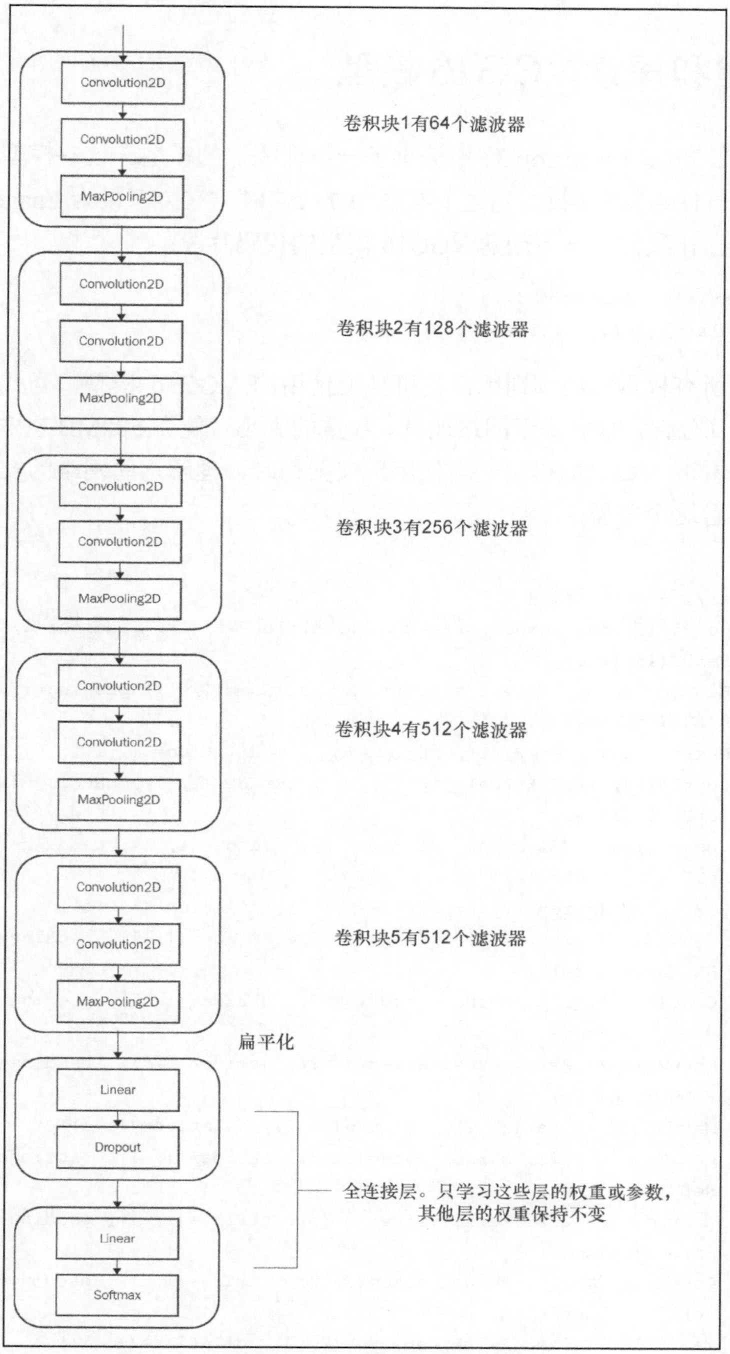

图 5.18 VGG16 模型的架构

5.3 创建和探索 VGG16 模型

PyTorch 在 torchvision 库中提供了一组训练好的模型。这些模型大多数接受一个称为 pretrained 的参数，当这个参数为 True 时，它会下载为 ImageNet 分类问题调整好的权重。让我们看一下创建 VGG16 模型的代码片段：

```
from torchvision import models
vgg = models.vgg16(pretrained=True)
```

现在有了所有权重已经预训练好且可马上使用的 VGG16 模型。当代码第一次运行时，可能需要几分钟，这取决于网络速度。权重的大小可能在 500MB 左右。我们可以通过打印快速查看下 VGG16 模型。当使用现代架构时，理解这些网络的实现方式非常有用。我们来看看这个模型：

```
VGG (
  (features): Sequential (
    (0): Conv2d(3, 64, kernel_size=(3, 3), stride=(1, 1), padding=(1, 1))
    (1): ReLU (inplace)
    (2): Conv2d(64, 64, kernel_size=(3, 3), stride=(1, 1), padding=(1, 1))
    (3): ReLU (inplace)
    (4): MaxPool2d (size=(2, 2), stride=(2, 2), dilation=(1, 1))
    (5): Conv2d(64, 128, kernel_size=(3, 3), stride=(1, 1), padding=(1, 1))
    (6): ReLU (inplace)
    (7): Conv2d(128, 128, kernel_size=(3, 3), stride=(1, 1), padding=(1, 1))
    (8): ReLU (inplace)
    (9): MaxPool2d (size=(2, 2), stride=(2, 2), dilation=(1, 1))
    (10): Conv2d(128, 256, kernel_size=(3, 3), stride=(1, 1), padding=(1, 1))
    (11): ReLU (inplace)
    (12): Conv2d(256, 256, kernel_size=(3, 3), stride=(1, 1), padding=(1, 1))
    (13): ReLU (inplace)
    (14): Conv2d(256, 256, kernel_size=(3, 3), stride=(1, 1), padding=(1, 1))
    (15): ReLU (inplace)
    (16): MaxPool2d (size=(2, 2), stride=(2, 2), dilation=(1, 1))
    (17): Conv2d(256, 512, kernel_size=(3, 3), stride=(1, 1), padding=(1, 1))
    (18): ReLU (inplace)
    (19): Conv2d(512, 512, kernel_size=(3, 3), stride=(1, 1), padding=(1, 1))
    (20): ReLU (inplace)
    (21): Conv2d(512, 512, kernel_size=(3, 3), stride=(1, 1), padding=(1, 1))
    (22): ReLU (inplace)
    (23): MaxPool2d (size=(2, 2), stride=(2, 2), dilation=(1, 1))
    (24): Conv2d(512, 512, kernel_size=(3, 3), stride=(1, 1), padding=(1, 1))
```

```
    (25): ReLU (inplace)
    (26): Conv2d(512, 512, kernel_size=(3, 3), stride=(1, 1), padding=(1, 1))
    (27): ReLU (inplace)
    (28): Conv2d(512, 512, kernel_size=(3, 3), stride=(1, 1), padding=(1, 1))
    (29): ReLU (inplace)
    (30): MaxPool2d (size=(2, 2), stride=(2, 2), dilation=(1, 1)))
(classifier): Sequential (
    (0): Linear (25088 -> 4096)
    (1): ReLU (inplace)
    (2): Dropout (p = 0.5)
    (3): Linear (4096 -> 4096)
    (4): ReLU (inplace)
    (5): Dropout (p = 0.5)
    (6): Linear (4096 -> 1000)
  )
)
```

模型摘要包含了两个序列模型：features 和 classifiers。features sequential 模型包含了将要冻结的层。

5.3.1 冻结层

下面冻结包含卷积块的 features 模型的所有层。冻结层中的权重将阻止更新这些卷积块的权重。由于模型的权重被训练用来识别许多重要的特征，因而我们的算法从第一个迭代开时就具有了这样的能力。使用最初为不同用例训练的模型权重的能力，被称为迁移学习。现在看一下如何冻结层的权重或参数：

```
for param in vgg.features.parameters(): param.requires_grad = False
```

该代码阻止优化器更新权重。

5.3.2 微调 VGG16 模型

VGG16 模型被训练为针对 1000 个类别进行分类，但没有训练为针对狗和猫进行分类。因此，需要将最后一层的输出特征从 1000 改为 2。以下代码片段执行此操作：

```
vgg.classifier[6].out_features = 2
```

vgg.classifier 可以访问序列模型中的所有层，第 6 个元素将包含最后一个层。当训练 VGG16 模型时，只需要训练分类器参数。因此，我们只将 classifier.parameters 传入优化器，如下所示：

```
optimizer =
  optim.SGD(vgg.classifier.parameters(),lr=0.0001,momentum=0.5)
```

5.3.3　训练 VGG16 模型

我们已经创建了模型和优化器。由于使用的是 Dogs vs. Cats 数据集，因此可以使用相同的数据加载器和 train 函数来训练模型。请记住，当训练模型时，只有分类器内的参数会发生变化。下面的代码片段对模型进行了 20 轮的训练，在验证集上达到了 98.45%的准确率：

```
train_losses, train_accuracy = [],[]
val_losses, val_accuracy = [],[]
for epoch in range(1,20):
    epoch_loss, epoch_accuracy =
fit(epoch,vgg,train_data_loader,phase='training')
    val_epoch_loss,  val_epoch_accuracy =
fit(epoch,vgg,valid_data_loader,phase='validation')
    train_losses.append(epoch_loss)
    train_accuracy.append(epoch_accuracy)
    val_losses.append(val_epoch_loss)
    val_accuracy.append(val_epoch_accuracy)
```

将训练和验证的损失可视化，如图 5.19 所示。

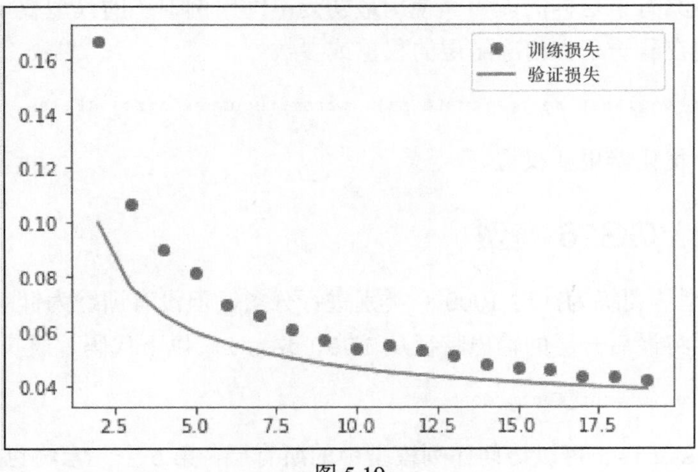

图 5.19

将训练和验证的准确率可视化，如图 5.20 所示。

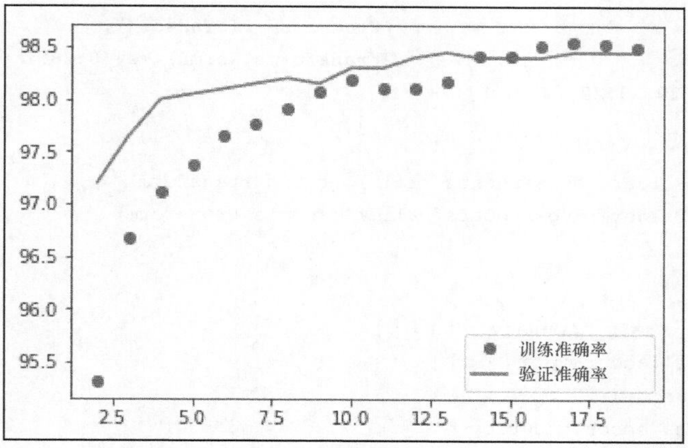

图 5.20

我们可以应用一些技巧，例如数据增强和使用不同的 dropout 值来改进模型的泛化能力。以下代码片段将 VGG 分类器模块中的 dropout 值从 0.5 更改为 0.2 并训练模型：

```
for layer in vgg.classifier.children():
    if(type(layer) == nn.Dropout):
        layer.p = 0.2

#训练
train_losses, train_accuracy = [],[]
val_losses, val_accuracy = [],[]
for epoch in range(1,3):
    epoch_loss , epoch_accuracy =
fit(epoch,vgg,train_data_loader,phase='training')
    val_epoch_loss , val_epoch_accuracy =
fit(epoch,vgg,valid_data_loader,phase='validation')
    train_losses.append(epoch_loss)
    train_accuracy.append(epoch_accuracy)
    val_losses.append(val_epoch_loss)
    val_accuracy.append(val_epoch_accuracy)
```

通过几轮的训练，模型得到了些许改进。还可以尝试使用不同的 dropout 值。改进模型泛化能力的另一个重要技巧是添加更多数据或进行数据增强。我们将通过随机地水平翻转图像或以小角度旋转图像来进行数据增强。torchvision 转换为数据增强提供了不同的功能，它们可以动态地进行，每轮都发生变化。我们使用以下代码实现数据增强：

```
train_transform =transforms.Compose([transforms.Resize((224,224)),
                                     transforms.RandomHorizontalFlip(),
                                     transforms.RandomRotation(0.2),
```

```
                                        transforms.ToTensor(),
                                        transforms.Normalize([0.485, 0.456,
0.406],  [0.229, 0.224, 0.225])
                                         ])

train = ImageFolder('dogsandcats/train/',train_transform)
valid = ImageFolder('dogsandcats/valid/',simple_transform)

#训练

train_losses , train_accuracy = [] , []
val_losses, val_accuracy = [] , []
for epoch in range(1,3):
    epoch_loss, epoch_accuracy =
fit(epoch,vgg,train_data_loader,phase='training')
    val_epoch_loss, val_epoch_accuracy =
fit(epoch,vgg,valid_data_loader,phase='validation')
    train_losses.append(epoch_loss)
    train_accuracy.append(epoch_accuracy)
    val_losses.append(val_epoch_loss)
    val_accuracy.append(val_epoch_accuracy)
```

前面代码的输出如下：

```
#结果

training loss is 0.041 and training accuracy is 22657/23000 98.51
validation loss is 0.043 and validation accuracy is 1969/2000 98.45
training loss is 0.04 and training accuracy is 22697/23000 98.68 validation
loss is 0.043 and validation accuracy is 1970/2000 98.5
```

使用增强数据训练模型仅运行两轮就将模型准确率提高了 0.1%；可以再运行几轮以进一步改进模型。如果大家在阅读本书时一直在训练这些模型，将意识到每轮的训练可能需要几分钟，具体取决于运行的 GPU。让我们看一下可以在几秒钟内训练一轮的技术。

5.4 计算预卷积特征

当冻结卷积层和训练模型时，全连接层或 dense 层（vgg.classifier）的输入始终是相同的。为了更好地理解，让我们将卷积块（在示例中为 vgg.features 块）视为具有了已学习好的权重且在训练期间不会更改的函数。因此，计算卷积特征并保存下来将有助于我们提高训练速度。训练模型的时间减少了，因为我们只计算一次这些特征而不是每轮都计算。让我们在结合图 5.21 理解并实现同样的功能。

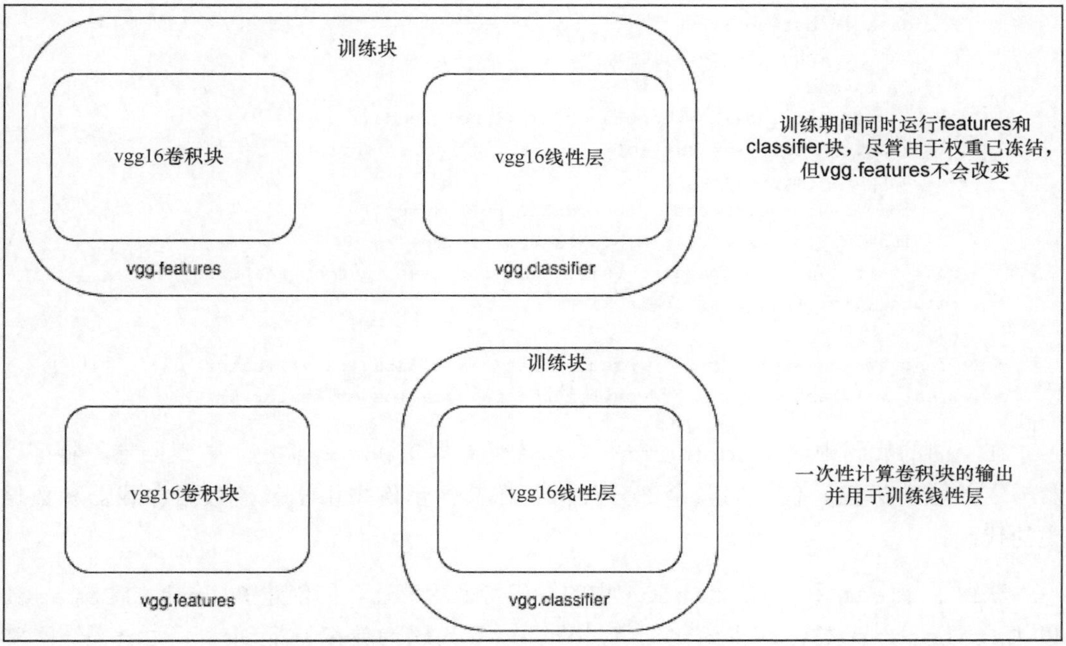

图 5.21

第一个框描述了一般情况下如何进行训练，这可能很慢，因为尽管值不会改变，但仍为每轮计算卷积特征。在底部的框中，一次性计算卷积特征并仅训练线性层。为了计算预卷积特征，我们将所有训练数据传给卷积块并保存它们。为了实现这一点，需要选择 VGG 模型的卷积块。幸运的是，VGG16 的 PyTorch 实现包含了两个序列模型，所以只选择第一个序列模型的特征就可以了。以下代码执行此操作：

```
vgg = models.vgg16(pretrained=True)
vgg = vgg.cuda()
features = vgg.features

train_data_loader =
torch.utils.data.DataLoader(train,batch_size=32,num_workers=3,shuffle=False
)
valid_data_loader=
torch.utils.data.DataLoader(valid,batch_size=32,num_workers=3,shuffle=False
)

def preconvfeat(dataset,model):
    conv_features =[]
    labels_list =[]
```

```
        for data in dataset:
            inputs,labels = data
            if is_cuda:
                inputs,labels = inputs.cuda(),labels.cuda()
            inputs,  labels = Variable(inputs),Variable(labels)
            output = model(inputs)
            conv_features.extend(output.data.cpu().numpy())
            labels_list.extend(labels.data.cpu().numpy())
        conv_features = np.concatenate([[feat] for feat in conv_features])
        return (conv_features,labels_list)

    conv_feat_train,labels_train = preconvfeat(train_data_loader,features)
    conv_feat_val,labels_val = preconvfeat(valid_data_loader,features)
```

在上面的代码中，preconvfeat 方法接受数据集和 vgg 模型，并返回卷积特征以及与之关联的标签。代码的其余部分类似于在其他示例中用于创建数据加载器和数据集的代码。

获得了 train 和 validation 集的卷积特征后，让我们创建 PyTorch 的 Dataset 和 DataLoader 类，这将简化训练过程。以下代码为卷积特征创建了 Dataset 和 DataLoader 类：

```
class My_dataset(Dataset):
    def __init__(self,feat,labels):
        self.conv_feat = feat
        self.labels = labels
    def __len__(self):
        return len(self.conv_feat)
    def __getitem__(self,idx):
        return self.conv_feat[idx],self.labels[idx]

train_feat_dataset = My_dataset(conv_feat_train,labels_train)
val_feat_dataset = My_dataset(conv_feat_val,labels_val)

train_feat_loader =
  DataLoader(train_feat_dataset,batch_size=64,shuffle=True)
val_feat_loader =
  DataLoader(val_feat_dataset,batch_size=64,shuffle=True)
```

由于有新的数据加载器可以生成批量的卷积特征以及标签，因此可以使用与另一个例子相同的训练函数。现在将使用 vgg.classifier 作为创建 optimizer 和 fit 方法的模型。下面的代码训练分类器模块来识别狗和猫。在 Titan X GPU 上，每轮训练只需不到 5 秒钟，在其他 CPU 上可能需要几分钟：

```
train_losses , train_accuracy = [],[]
val_losses , val_accuracy = [],[]
for epoch in range(1,20):
    epoch_loss, epoch_accuracy =
fit_numpy(epoch,vgg.classifier,train_feat_loader,phase='training')
    val_epoch_loss , val_epoch_accuracy =
fit_numpy(epoch,vgg.classifier,val_feat_loader,phase='validation')
    train_losses.append(epoch_loss)
    train_accuracy.append(epoch_accuracy)
    val_losses.append(val_epoch_loss)
    val_accuracy.append(val_epoch_accuracy)
```

5.5 理解 CNN 模型如何学习

深度学习模型常常被认为是不可解释的。但是人们正在探索不同的技术来解释这些模型内发生了什么。对于图像，由卷积神经网络学习的特征是可解释的。我们将探索两种流行的技术来理解卷积神经网络。

5.5.1 可视化中间层的输出

可视化中间层的输出将有助于我们理解输入图像如何在不同层之间进行转换。通常，每层的输出称为激活（activation）。为了可视化，我们需要提取中间层的输出，可以用几种不同的方式完成提取。PyTorch 提供了一个名为 `register_forward_hook` 的方法，它允许传入一个可以提取特定层输出的函数。

默认情况下，为了以最佳方式使用内存，PyTorch 模型仅存储最后一层的输出。因此，在检查中间层的激活之前，需要了解如何从模型中提取输出。我们先看看下面用于提取的代码，然后再进行详细介绍：

```
vgg = models.vgg16(pretrained=True).cuda()

class LayerActivations():
    features=None
    def __init__(self,model,layer_num):
        self.hook = model[layer_num].register_forward_hook(self.hook_fn)
    def hook_fn(self,module,input,output):
        self.features = output.cpu()
    def remove(self):
```

```
        self.hook.remove()

conv_out = LayerActivations(vgg.features,0)

o = vgg(Variable(img.cuda()))

conv_out.remove()

act = conv_out.features
```

首先创建一个预先训练的 VGG 模型，并从中提取特定层的输出。LayerActivations 类指示 PyTorch 将一层的输出保存到 features 变量。让我们来看看 LayerActivations 类中的每个函数。

init 函数取得模型以及用于将输出提取成参数的层的编号。我们在层上调用 register_forward_hook 方法并传入函数。当 PyTorch 进行前向传播时——也就是说，当图像通过层传输时——调用传给 register_forward_hook 方法的函数。此方法返回一个句柄，该句柄可用于注销传递给 register_forward_hook 方法的函数。

register_forward_hook 方法将 3 个值传入我们传给它的函数。参数 module 允许访问层本身。第二个参数是 input，它指的是流经层的数据。第三个参数是 output，它允许访问层转换后的输入或激活。将输出存储到 LayerActivations 类中的 features 变量。

第三个函数取得 _init_ 函数的钩子并注销该函数。现在可以传入正在寻找的激活（activation）的模型和层的编号。让我们看看为图 5.22 创建的不同层的激活。

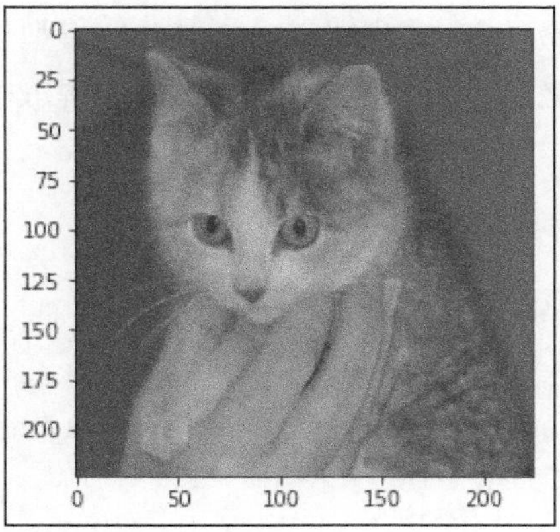

图 5.22

可视化第一个卷积层创建的激活和使用的代码：

```
fig = plt.figure(figsize=(20,50))
fig.subplots_adjust(left=0,right=1,bottom=0,top=0.8,hspace=0,
  wspace=0.2)
for i in range(30):
    ax = fig.add_subplot(12,5,i+1,xticks=[],yticks=[])
    ax.imshow(act[0][i])
```

可视化第五个卷积层创建的一些激活，如图 5.23 所示。

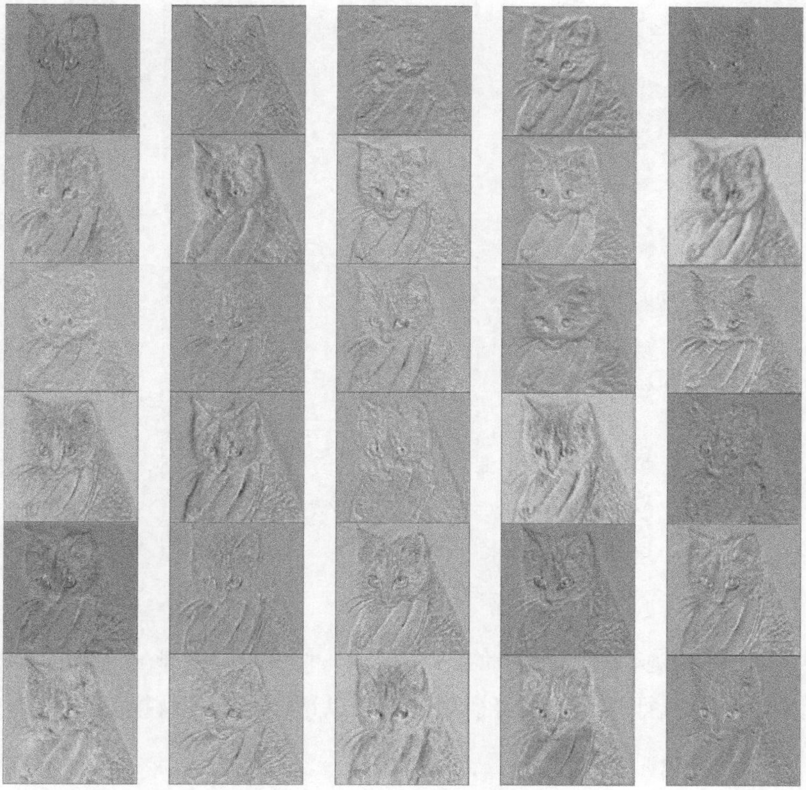

图 5.23

来看最后一个 CNN 层，如图 5.24 所示。

从不同的层生成的激活来看，可以看出前面的层检测线条和边缘，最后的层倾向于学习更高层次的特征，而解释性较差。在对权重可视化之前，让我们看看在 ReLU 层之后特征平面或激活如何自我表示。所以，让我们可视化第二层的输出。

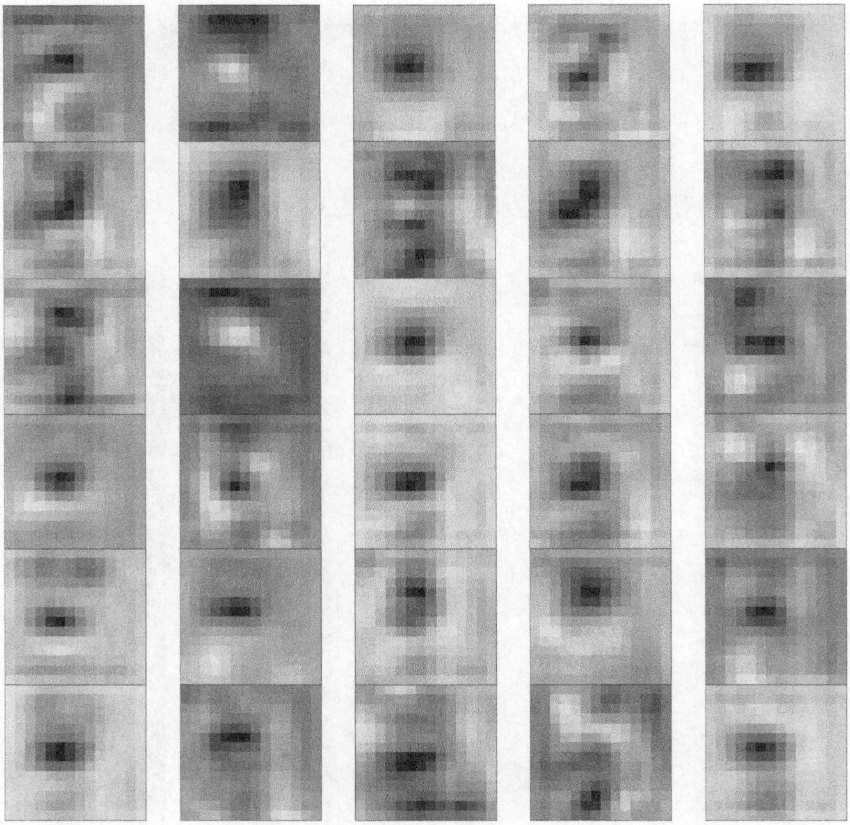

图 5.24

如果快速查看图 5.24 第二行中的第 5 个图像，它看起来像是滤波器正在检测图像中的眼睛。当模型不能执行时，这些可视化技巧可以帮助我们理解模型可能无法正常工作的原因。

5.6　CNN 层的可视化权重

获取特定层的模型权重非常简单。可以通过 `state_dict` 函数访问所有模型权重。`state_dict` 函数返回一个字典，其中键是层，值是权重。以下代码演示了如何为特定层拉取（pull）权重并将其可视化：

```
vgg.state_dict().keys()
cnn_weights = vgg.state_dict()['features.0.weight'].cpu()
```

上述代码提供了如图 5.25 所示的输出。

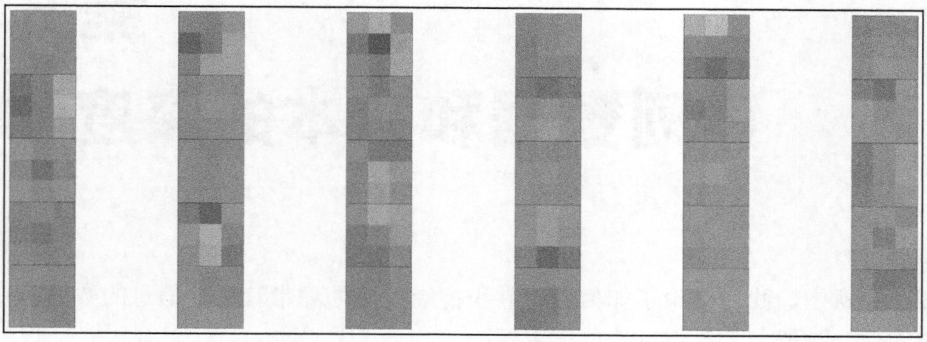

图 5.25

每个框表示大小为 3×3 的滤波器的权重。每个滤波器都经过训练以识别图像中的某些模式。

5.7 小结

本章讲解了如何使用卷积神经网络构建图像分类器，以及如何使用预先训练的模型。本章介绍了如何使用预卷积特征加快训练过程。此外，还介绍了用来理解 CNN 内部情况的不同技术。

下一章将学习如何使用递归神经网络处理序列化数据。

第 6 章 序列数据和文本的深度学习

在上一章中，我们讨论了如何利用卷积神经网络处理带有空间信息的数据，以及如何构建图像分类器。本章将讨论以下主题：

- 用于构建深度学习模型的不同文本数据表示法；
- 理解递归神经网络及其不同实现，例如长短期记忆网络（LSTM）和门控循环单元（Gated Recurrent Unit，GRU），它们为大多数深度学习模型提供文本和序列化数据；
- 为序列化数据使用一维卷积。

可以使用 RNN 构建的一些应用程序如下所示。

- **文档分类器**：识别推文或评论的情感，对新闻文章进行分类。
- **序列到序列的学习**：例如语言翻译，将英语转换成法语等任务。
- **时间序列预测**：根据前几天商店销售的详细信息，预测商店未来的销售情况。

6.1 使用文本数据

文本是常用的序列化数据类型之一。文本数据可以看作是一个字符序列或词的序列。对大多数问题，我们都将文本看作词序列。深度学习序列模型（如 RNN 及其变体）能够从文本数据中学习重要的模式。这些模式可以解决类似以下领域中的问题：

- 自然语言理解；
- 文献分类；
- 情感分类。

这些序列模型还可以作为各种系统的重要构建块，例如问答（Question and Answering，QA）系统。

虽然这些模型在构建这些应用时非常有用，但由于语言固有的复杂性，模型并不能真正理解人类的语言。这些序列模型能够成功地找到可执行不同任务的有用模式。将深度学习应用于文本是一个快速发展的领域，每月都会有许多新技术出现。我们将会介绍为大多数现代深度学习应用提供支持的基本组件。

与其他机器学习模型一样，深度学习模型并不能理解文本，因此需要将文本转换为数值的表示形式。将文本转换为数值表示形式的过程称为向量化过程，可以用不同的方式来完成，概括如下：

- 将文本转换为词并将每个词表示为向量；
- 将文本转换为字符并将每个字符表示为向量；
- 创建词的 n-gram 并将其表示为向量。

文本数据可以分解成上述的这些表示。每个较小的文本单元称为 token，将文本分解成 token 的过程称为分词（tokenization）。在 Python 中有很多强大的库可以用来进行分词。一旦将文本数据转换为 token 序列，那么就需要将每个 token 映射到向量。one-hot（独热）编码和词向量是将 token 映射到向量最流行的两种方法。图 6.1 总结了将文本转换为向量表示的步骤。

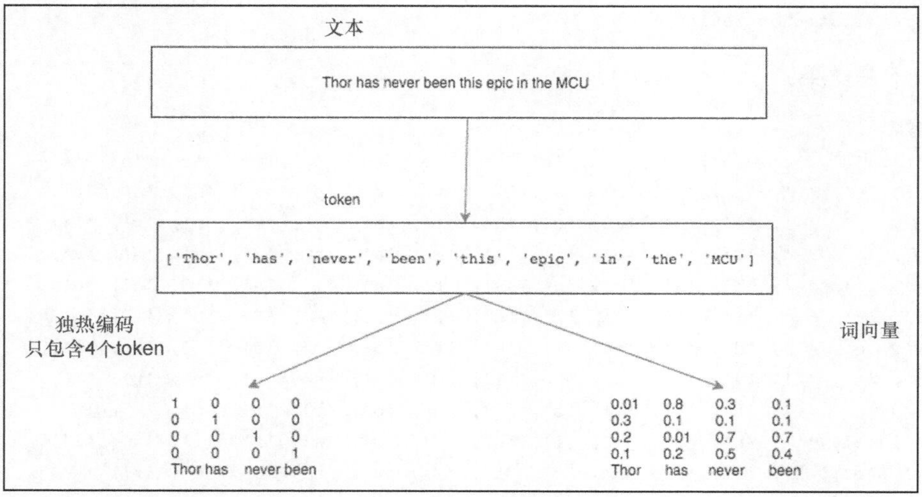

图 6.1

下面介绍分词、n-gram 表示法和向量化的更多细节。

6.1.1 分词

将给定的一个句子分为字符或词的过程称为分词。诸如 spaCy 等一些库，它们为分词提供了复杂的解决方案。让我们使用简单的 Python 函数（如 `split` 和 `list`）将文本转换为 token。

为了演示分词如何作用于字符和词，让我们看一段关于电影 *Thor:Ragnarok* 的小评论。我们将对这段文本进行分词处理：

*The action scenes were top notch in this movie. Thor has never been this epic in the MCU. He does some pretty epic sh*t in this movie and he is definitely not under-powered anymore. Thor in unleashed in this, I love that.*

1. 将文本转换为字符

Python 的 `list` 函数接受一个字符串并将其转换为单个字符的列表。这样做就将文本转换为了字符。下面是使用的代码和结果：

```
thor_review = "the action scenes were top notch in this movie.Thor has
never been this epic in the MCU.He does some pretty epic sh*t in this
movie and he is definitely not under-powered anymore.Thor in unleashed in
this, I love that."

Print(list(thor_review))
```

以下是结果：

```
#结果
['t', 'h', 'e', ' ', 'a', 'c', 't', 'i', 'o', 'n', ' ', 's', 'c', 'e', 'n',
'e', 's', ' ', 'w', 'e', 'r', 'e', ' ', 't', 'o', 'p', ' ', 'n', 'o', 't',
'c', 'h', ' ', 'i', 'n', ' ', 't', 'h', 'i', 's', ' ', 'm', 'o', 'v', 'i',
'e', '.', ' ', 'T', 'h', 'o', 'r', ' ', 'h', 'a', 's', ' ', 'n', 'e', 'v',
'e', 'r', ' ', 'b', 'e', 'e', 'n', ' ', 't', 'h', 'i', 's', ' ', 'e', 'p',
'i', 'c', ' ', 'i', 'n', ' ', 't', 'h', 'e', ' ', 'M', 'C', 'U', '.', ' ',
'H', 'e', ' ', 'd', 'o', 'e', 's', ' ', 's', 'o', 'm', 'e', ' ', 'p', 'r',
'e', 't', 't', 'y', ' ', 'e', 'p', 'i', 'c', ' ', 's', 'h', '*', 't', ' ',
'i', 'n', ' ', 't', 'h', 'i', 's', ' ', 'm', 'o', 'v', 'i', 'e', ' ', 'a',
'n', 'd', ' ', 'h', 'e', ' ', 'i', 's', ' ', 'd', 'e', 'f', 'i', 'n', 'i',
't', 'e', 'l', 'y', ' ', 'n', 'o', 't', ' ', 'u', 'n', 'd', 'e', 'r', '-',
'p', 'o', 'w', 'e', 'r', 'e', 'd', ' ', 'a', 'n', 'y', 'm', 'o', 'r', 'e',
'.', ' ', 'T', 'h', 'o', 'r', ' ', 'i', 'n', ' ', 'u', 'n', 'l', 'e', 'a',
```

```
's', 'h', 'e', 'd', ' ', 'i', 'n', ' ', 't', 'h', 'i', 's', ',', ' ', 'I',
' ', 'l', 'o', 'v', 'e', ' ', 't', 'h', 'a', 't', '.']
```

结果展示了简单的 Python 函数如何将文本转换为 token。

2. 将文本转换为词

我们将使用 Python 字符串对象函数中的 `split` 函数将文本分解为词。`split` 函数接受一个参数，并根据该参数将文本拆分为 token。在我们的示例中将使用空格作为分隔符。以下代码段演示了如何使用 Python 的 `split` 函数将文本转换为词：

```
print(Thor_review.split())
#结果
['the', 'action', 'scenes', 'were', 'top', 'notch', 'in', 'this', 'movie.',
'Thor', 'has', 'never', 'been', 'this', 'epic', 'in', 'the', 'MCU.','He',
'does', 'some', 'pretty', 'epic', 'sh*t', 'in', 'this', 'movie', 'and',
'he','is', 'definitely', 'not', 'under-powered', 'anymore. ', 'Thor', 'in',
'unleashed', 'in', 'this,', 'I', 'love', 'that.']
```

在前面的代码中，我们没有使用任何的分隔符，默认情况下，`split` 函数使用空格来分隔。

3. n-gram 表示法

我们已经看到文本是如何表示为字符和词的。有时一起查看两个、三个或更多的单词非常有用。*n*-gram 是从给定文本中提取的一组词。在 *n*-gram 中，*n* 表示可以一起使用的词的数量。看一下 bigram（当 $n = 2$ 时）的例子，我们使用 Python 的 `nltk` 包为 `thor_review` 生成一个 bigram，以下代码块显示了 bigram 的结果以及用于生成它的代码：

```
from nltk import ngrams

print(list(ngrams(thor_review.split(),2)))

#结果
[('the', 'action'), ('action', 'scenes'), ('scenes', 'were'), ('were',
'top'), ('top', 'notch'), ('notch', 'in'),('in', 'this'), ('this',
'movie.'), ('movie.', 'Thor'), ('Thor', 'has'),('has', 'never'), ('never',
'been'), ('been', 'this'), ('this', 'epic'), ('epic', 'in'), ('in', 'the'),
('the','MCU.'),('MCU.', 'He'),   ('He', 'does'), ('does', 'some'), ('some',
'pretty'), ('pretty', 'epic'), ('epic', 'sh*t'),   ('sh*t','in'),('in',
'this'), ('this', 'movie'), ('movie', 'and'), ('and', 'he'), ('he', 'is'),
('is', 'definitely'), ('definitely', 'not'),('not', 'under-powered'),
('under-powered', 'anymore.'), ('anymore.', 'Thor'), ('Thor', 'in'),   ('in',
```

```
'unleashed'), ('unleashed', 'in'),('in',  'this,'),('this,',' I'),    ('I',
'love'), ('love', 'that.')]
```

ngrams 函数接受一个词序列作为第一个参数，并将组中词的个数作为第二个参数。以下代码块显示了 trigram 表示的结果以及用于实现它的代码：

```
print(list(ngrams(thor_review.split(),3)))

#结果

[('the', 'action', 'scenes'), ('action', 'scenes', 'were'), ('scenes',
'were', 'top'), ('were', 'top', 'notch'), ('top', 'notch', 'in'), ('notch',
'in', 'this'), ('in', 'this', 'movie.'), ('this', 'movie.', 'Thor'),
('movie. ', 'Thor', 'has'), ('Thor', 'has', 'never'), ('has', 'never',
'been'), ('never', 'been', 'this'), ('been', 'this', 'epic'), ('this',
 'epic', 'in'), ('epic', 'in','the'), ('in', 'the', 'MCU.'),('the',
'MCU.','He'),('MCU.',   'He', 'does'), ('He', 'does', 'some'), ('does',
'some', 'pretty'), ('some', 'pretty', 'epic'), ('pretty', 'epic', 'sh*t' ),
('epic', 'sh*t','in'),('sh*t','in', 'this'), ('in', 'this', 'movie'),
('this', 'movie', 'and'), ('movie', 'and', 'he'),('and','he', 'is'),
('he',   'is', 'definitely'), ('is', 'definitely', 'not'), ('definitely',
'not', 'under-powered'), ('not', 'under-powered', 'anymore.'), ('under-
powered', 'anymore. ', 'Thor'), ('anymore. ', 'Thor', 'in'), ('Thor', 'in',
'unleashed'), ('in', 'unleashed', 'in'), ('unleashed', 'in','this,'),
( 'in', 'this, ', 'I'),( 'this', 'I', 'love'),( 'I','love','that.')]
```

在上述代码中唯一改变的只有函数的第二个参数 *n* 的值。

许多有监督的机器学习模型，例如朴素贝叶斯（Naive Bayes），都是使用 *n*-gram 来改善它的特征空间。*n*-gram 同样也可用于拼写校正和文本摘要的任务。

n-gram 表示法的一个问题在于它失去了文本的顺序性。通常它是和浅层机器学习模型一起使用的。这种技术很少用于深度学习，因为 RNN 和 Conv1D 等架构会自动学习这些表示法。

6.1.2　向量化

将生成的 token 映射到数字向量有两种流行的方法，称为独热编码和词向量（word embedding，也称之为词嵌入）。让我们通过编写一个简单的 Python 程序来理解如何将 token 转换为这些向量表示。我们还将讨论每种方法的各种优缺点。

1．独热编码

在独热编码中，每个 token 都由长度为 *N* 的向量表示，其中 *N* 是词表的大小。词表是文档中唯一词的总数。让我们用一个简单的句子来观察每个 token 是如何表示为独热编码的向量的。下面是句子及其相关的 token 表示：

An apple a day keeps doctor away said the doctor.

上面句子的独热编码可以用表格形式进行表示，如下所示。

An	100000000
apple	010000000
a	001000000
day	000100000
keeps	000010000
doctor	000001000
away	000000100
said	000000010
the	000000001

该表描述了 token 及其独热编码的表示。因为句子中有 9 个唯一的单词，所以这里的向量长度为 9。许多机器学习库已经简化了创建独热编码变量的过程。我们将编写自己的代码来实现这个过程以便更易于理解，并且我们可以使用相同的实现来构建后续示例所需的其他功能。以下代码包含 `Dictionary` 类，这个类包含了创建唯一词词表的功能，以及为特定词返回其独热编码向量的函数。让我们来看代码，然后详解每个功能：

```
class Dictionary(object):
    def __init__(self):
        self.word2idx = {}
        self.idx2word = []
        self.length = 0
    def add_word(self, word):
        if word not in self.idx2word:
            self.idx2word.append(word)
            self.word2idx[word] = self.length + 1
            self.length += 1
        return self.word2idx[word]
    def __len__(self):
        return len(self.idx2word)
```

```
    def onehot_encoded(self, word):
        vec = np.zeros(self.length)
        vec[self.word2idx[word]] = 1
        return vec
```

上述代码提供了 3 个重要功能。

- 初始化函数__init__创建一个 word2idx 字典，它将所有唯一词与索引一起存储。idx2word 列表存储的是所有唯一词，而 length 变量则是文档中唯一词的总数。
- 在词是唯一的前提下，add_word 函数接受一个单词，并将它添加到 word2idx 和 idx2word 中，同时增加词表的长度。
- onehot_encoded 函数接受一个词并返回一个长度为 *N*，除当前词的索引外其余位置全为 0 的向量。比如传如的单词的索引是 2，那么向量在索引 2 处的值是 1，其他索引处的值全为 0。

在定义好了 Dictionary 类后，准备在 thor_review 数据上使用它。以下代码演示了如何构建 word2idx 以及如何调用 onehot_encoded 函数：

```
die = Dictionary()

for tok in thor_review.split():
    dic.add_word(tok)

print(dic.word2idx)
```

上述代码的输出如下：

```
# word2idx 的结果

{'the': 1, 'action': 2, 'scenes': 3, 'were1: 4, 'top': 5, 'notch': 6, 'in':
7, 'this': 8, 'movie.': 9, 'Thor': 10, 'has': 11, 'never': 12, 'been': 13,
'epic': 14, 'MCU.': 15, 'He': 16, 'does': 17, 'some': 18, 'pretty': 19,
'sh*t': 20, 'movie': 21, 'and': 22, 'he': 23, 'is': 24, 'definitely': 25,
'not': 26, 'under-powered': 27, 'anymore. ': 28, 'unleashed': 29, 'this, ':
30, 'I': 31, 'love': 32, 'that.': 33}
```

单词 were 的独热编码如下所示：

```
#单词'were'的独热编码
dic.onehot_encoded(,were,)
array([0., 0., 0., 0., 1., 0., 0., 0., 0., 0., 0., 0., 0.,
```

```
0., 0., 0., 0., 0., 0., 0., 0., 0., 0., 0., 0., 0.,
0., 0., 0., 0., 0., 0., 0.,])
```

独热表示的问题之一就是数据太稀疏了，并且随着词表中唯一词数量的增加，向量的大小迅速增加，这也是它的一种限制，因此独热很少在深度学习中使用。

2. 词向量

词向量是在深度学习算法所解决的问题中，一种非常流行的用于表示文本数据的方式。词向量提供了一种用浮点数填充的词的密集表示。向量的维度根据词表的大小而变化。通常使用维度大小为 50、100、256、300，有时为 1000 的词向量。这里的维度大小是在训练阶段需要使用的超参数。

如果试图用独热表示法来表示大小为 20000 的词表，那么将得到 20000×20000 个数字，并且其中大部分都为 0。同样的词表可以用词向量表示为 20000×维度大小，其中维度的大小可以是 10、50、300 等。

一种方法是为每个包含随机数字的 token 从密集向量开始创建词向量，然后训练诸如文档分类器或情感分类器的模型。表示 token 的浮点数以一种可以使语义上更接近的单词具有相似表示的方式进行调整。为了理解这一点，我们来看看图 6.2，它画出了基于 5 部电影的二维点图的词向量。

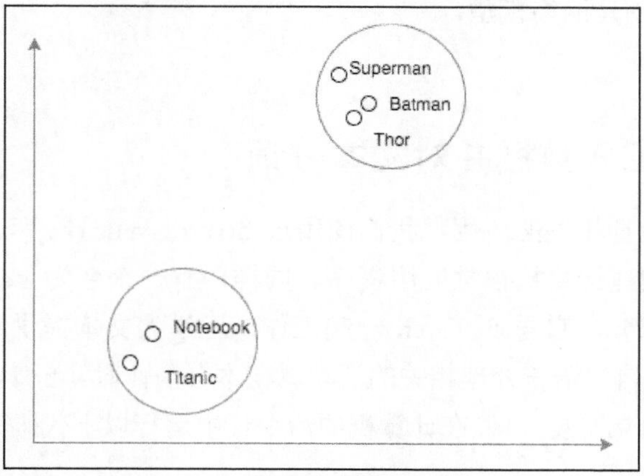

图 6.2

图 6.2 显示了如何调整密集向量，以使其在语义上相似的单词具有较小的距离。由于 *Superman*、*Thor* 和 *Batman* 等电影都是基于漫画的动作电影，所以这些电影的向量更

为接近，而电影 *Titanic* 的向量离动作电影较远，离电影 *Notebook* 更近，因为它们都是浪漫型电影。

在数据太少时学习词向量可能是行不通的，在这种情况下，可以使用由其他机器学习算法训练好的词向量。由另一个任务生成的向量称为预训练词向量。下面将学习如何构建自己的词向量以及使用预训练词向量。

6.2　通过构建情感分类器训练词向量

在上一节中，我们简要地了解了词向量，但并没有去实现它。在本节中，我们将下载一个名为 `IMDB` 的数据集（其中包含了评论），然后构建一个用于计算评论的情感是正面、负面还是未知的情感分类器。在构建过程中，还将为 `IMDB` 数据集中存在的词进行词向量的训练。我们将使用一个名为 `torchtext` 的库，这个库使下载、向量化文本和批处理等许多过程变得更加容易。训练情感分类器将包括以下步骤。

1. 下载 IMDB 数据并对文本分词。
2. 建立词表。
3. 生成向量的批数据。
4. 使用词向量创建网络模型。
5. 训练模型。

6.2.1　下载 IMDB 数据并对文本分词

对于与计算机视觉相关的应用，我们使用过 `torchvision` 库。它提供了许多实用功能，并帮助我们构建计算机视觉应用程序。同样，有一个名为 `torchtext` 的库，它也是 PyTorch 的一部分，它与 PyTorch 一起工作，通过为文本提供不同的数据加载器和抽象，简化了许多与自然语言处理相关的活动。在本书写作时，`torchtext` 没有包含在 PyTorch 包内，需要独立安装。可以在计算机的命令行中运行以下代码来安装 `torchtext`：

```
pip install torchtext
```

安装完成后就可以使用它了。`torchtext` 提供了两个重要的模块：`torchtext.data` 和 `torchtext.datasets`。

可以从 Kaggle 官网搜索并下载 IMDB 电影数据集（imdbmovies）。

1. torchtext.data

torchtext.data 实例定义了一个名为 Field 的类，它可以用来定义数据如何读取和分词。让我们看一下使用它来准备 IMDB 数据集的示例：

```
from torchtext import data
TEXT = data.Field(lower=True, batch_first=True,fix_length=20)
LABEL = data.Field(sequential=False)
```

在上述代码中，我们定义了两个 Field 对象，一个用于实际的文本，另一个用于标签数据。对于实际的文本，我们期望 torchtext 将所有文本都小写并对文本分词，同时将其修整为最大长度为 20。如果我们正在为生产环境构建应用程序，则可以将长度修正为更大的数字。当然对于当前练习的例子，20 的长度够用了。Field 的构造函数还接受另一个名为 tokenize 的参数，该参数默认使用 str.split 函数。还可以指定 spaCy 作为参数或任何其他分词器。我们的例子将使用 str.split。

2. torchtext.datasets

torchtext.datasets 实例提供了使用不同数据集的封装，如 IMDB、TREC（问题分类）、语言建模（WikiText-2）和一些其他数据集。我们将使用 torch.datasets 下载 IMDB 数据集并将其拆分为 train 和 test 数据集。以下代码执行此操作，当第一次运行它时，可能需要几分钟，具体取决于网络连接速度，因为它是从 Internet 上下载 IMDB 数据集的：

```
train, test = datasets.IMDB.splits(TEXT, LABEL)
```

之前的数据集的 IMDB 类抽象出了下载、分词和将数据库拆分为 train 和 test 数据集涉及的所有复杂度。train.fields 包含一个字典，其中 TEXT 是键，值是 LABEL。让我们看看 train.fields 和 train 集合的每个元素：

```
print('train.fields', train.fields)
#结果
train.fields {'text': <torchtext.data.field.Field object at 0x1129db160>,
'label': <torchtext.data.field.Field object at 0x1129db1d0>}

print(vars(train[0]))

#结果
vars(train[0]) {'text': ['for', 'a', 'movie', 'that', 'gets', 'no',
```

```
'respect', 'there', 'sure', 'are', 'a', 'lot', 'of', 'memorable', 'quotes',
'listed', 'for', 'this', 'gem. ', 'imagine', 'a', 'movie', 'where', 'joe',
'piscopol, 'is', 'actually', 'funny! ', 'maureen', 'stapleton', 'is', 'a',
'scene', 'stealer. ', 'the', 'moroni', 'character', 'is', 'an', 'absolute',
'scream.', 'watch', 'for', 'alan', '"the', 'skipper"', 'hale', 'jr.', 'as',
'a', 'police', 'sgt.'], 'label': 'pos'}
```

从这些结果中可以看到，单个元素包含了一个字段 text 和表示 text 的所有 token，以及包含了文本标签的字段 label。现在已准备好对 IMDB 数据集进行批处理了。

6.2.2 构建词表

当为 thor_review 创建独热编码时，同时创建了一个作为词表的 word2idx 字典，它包含文档中唯一词的所有细节。torchtext 实例使处理更加容易。在加载数据后，可以调用 build_vocab 并传入负责为数据构建词表的必要参数。以下代码说明了如何构建词表：

```
TEXT.build_vocab(train, vectors=GloVe(name=,6B,
dim=300),max_size=10000,min_freq=10)
LABEL.build_vocab(train)
```

在上述代码中，传入了需要构建词表的 train 对象，并让它使用维度为 300 的预训练词向量来初始化向量。当使用预训练权重训练情感分类器时，build_vocab 对象只是下载并创建稍后将使用的维度。max_size 实例限制了词表中词的数量，而 min_freq 删除了出现不超过 10 次的词，其中 10 是可配置的。

当词汇表构建完成后，我们就可以获得例如词频、词索引和每个词的向量表示等不同的值。下面的代码演示了如何访问这些值：

```
print(TEXT.vocab.freqs)
#例示结果
Counter({"i'm ": 4174,
        'not': 28597,
        'tired': 328,
        'to': 133967,
        'say'': 4392,
        'this' :69714,
        'is': 104171,
        'one'': 22480,
        'of': 144462,
        'the': 322198,
```

以下代码演示了如何访问结果：

```
print(TEXT.vocab.vectors)
#结果为每个词显示了 300 维的向量
0.0000 0.0000 0.0000 ... 0.0000 0.0000 0.0000
0.0000 0.0000 0.0000 ... 0.0000 0.0000 0.0000
0.0466 0.2132 -0.0074 ... 0.0091 -0.2099 0.0539
        ... ⋱ ...
0.0000 0.0000 0.0000 ... 0.0000 0.0000 0.0000
0.7724 -0.1800 0.2072 ... 0.6736 0.2263 -0.2919
0.0000 0.0000 0.0000 ... 0.0000 0.0000 0.0000
[torch.FloatTensor of size 10002x300]

print(TEXT.vocab.stoi)

#例子结果
defaultdict(<function torchtext.vocab._default_unk_index>,
            {'<unk>': 0,
            '<pad>': 1,
            'the': 2,
            'a': 3,
            'and': 4,
            'of': 5,
            'to': 6,
            'is': 7,
            'in': 8,
            'i':9,
            'this': 10,
            'that': 11,
            'it': 12,
```

使用 stoi 访问包含词及其索引的字典。

6.2.3 生成向量的批数据

torchtext 提供了 BucketIterator，它有助于批处理所有文本并将词替换成词的索引。BucketIterator 实例带有许多有用的参数，如 batch_size、device（GPU 或 CPU）和 shuffle（是否必须对数据进行混洗）。下面的代码演示了如何为 train 和 test 数据集创建生成批处理的迭代器：

```
train_iter, test_iter = data.BucketIterator.splits((train, test),
batch_size=128, device=-1,shuffle=True)
#device = -1 表示使用 cpu ，设置为 None 时使用 gpu.
```

上述代码为 train 和 test 数据集提供了一个 BucketIterator 对象。以下代码将说明如何创建 batch 并显示 batch 的结果：

```
batch = next(iter(train_iter))
batch.text
#结果
Variable containing:
 5128  427 19 ... 1688  0  542
   58  2 0 ... 2  0  1352
    0  9 14 ... 2676  96  9
         … ⋱ …
  129  1181 648 … 45  0 2
 6484  0 627 … 381  5  2
  748  0 5052 … 18  6660  9827
[torch.LongTensor of size 128x20]
batch.label
#结果
Variable containing:
 2
 1
 2
 1
 2
 1
 1
 1
[torch.LongTensor of size 128]
```

从上面代码段的结果中，可以看到文本数据如何转换为 batch_size * fix_len（即 128x20）大小的矩阵。

6.2.4 使用词向量创建网络模型

我们之前简要地讨论过词向量。在本节中，我们将创建作为网络架构的一部分的词向量，并训练整个模型用以预测每个评论的情感。在训练结束时，将得到一个情感分类器模型，以及 IMDB 数据集的词向量。以下代码演示了如何使用词向量创建用于情感预测的网络架构：

```
class EmbNet(nn.Module):
    def __init__(self, emb_size, hidden_size1, hidden_size2 = 400):
        super().__init__()
        self.embedding = nn.Embedding(emb_size, hidden_size1)
        self.fc = nn.Linear(hidden_size2, 3)
    def forward(self, x):
```

```
        embeds = self.embedding(x).view(x.size(0), -1)
        out = self.fc(embeds)
        return F.log_softmax(out, dim = -1)
```

在上述代码中，EmbNet 创建了情感分类模型。在__init__函数中，我们使用两个参数初始化了 nn.Embedding 类的一个对象，它接收两个参数，即词表的大小和希望为每个单词创建的维度。由于限制了唯一单词的数量，因此词表的大小将为 10,000，并且我们可以从一个小的向量尺寸（比如 10）开始。为了快速运行程序，有必要使用一个小尺寸的向量值，但是当试图为生产系统构建应用程序时，请使用大尺寸的词向量。我们还有一个线性层，将词向量映射到情感的类别（如正面、负面或未知）。

forward 函数确定了输入数据的处理方式。对于批量大小为 32 以及最大长度为 20 个词的句子，输入形状为 32×20。第一个 embedding 层充当查找表，用相应的词向量替换掉每个词。对于向量维度 10，当每个词被其相应的词向量替换时，输出形状变成了 32×20×10。view 函数将使 embedding 层的结果变得扁平。传递给 view 函数的第一个参数将保持维数不变。在我们的例子中，我们不希望组合来自不同批次的数据，因此保留第一个维数并将张量中的其余值扁平化。在应用 view 函数后，张量形状变为 32×200。全连接层将扁平化的词向量映射到类别的编号。定义了网络后就可以像往常一样训练它了。

请记住在这个网络中，我们失去了文本的顺序性，只是将它们当作词袋来使用。

6.2.5 训练模型

训练模型与在构建图像分类器时看到的非常类似，因此将使用相同的函数。我们把批数据传入模型并计算输出和损失，然后优化包括词向量权重在内的模型权重。以下代码执行此操作：

```
def fit(epoch,model,data_loader,phase=,training,,volatile=False):
    if phase == 'training':
        model.train()
    if phase == 'validation':
        model.eval()
        volatile=True
    running_loss = 0.0
    running_correct = 0
    for batch_idx r batch in enumerate(data_loader):
        text , target = batch.text r batch.label
        if is_cuda:
```

```
            text,target = text.cuda(),target.cuda()
        if phase == 'training':
            optimizer.zero_grad()
        output = model(text)
        loss = F.nll_loss(output,target)
        running_loss +=
F.nll_loss(output,target,size_average=False).data[0]
        preds = output.data.max(dim=1,keepdim=True)[1]
        running_correct += preds.eq(target.data.view_as(preds)).cpu().sum()
        if phase == 'training':
            loss.backward()
            optimizer.step()
    loss = running_loss/len(data_loader.dataset)
    accuracy = 100. * running_correct/len(data_loader.dataset)
    print(f'{phase} loss is {loss:{5}.{2}} and {phase} accuracy is
{running_correct}/{len(data_loader.dataset)}{accuracy:{10}.{4}}')
    return loss,accuracy

train_losses, train_accuracy =[],[]
val_losses,val_accuracy =[],[]

train_iter.repeat = False
test_iter.repeat = False

for epoch in range(1,10):

    epoch_loss,epoch_accuracy =
fit(epoch,model,train_iter,phase='training')
        val_epoch_loss,val_epoch_accuracy=
fit(epoch,model,test_iter,phase='validation')
        train_losses.append(epoch_loss)
        train_accuracy.append(epoch_accuracy)
        val_losses.append(val_epoch_loss)
        val_accuracy.append(val_epoch_accuracy)
```

在上述代码中，通过传入为批处理数据创建的 BucketIterator 对象来调用 fit 方法。默认情况下，迭代器不会停止生成批数据，因此必须将 BucketIterator 对象的 repeat 变量设置为 False。如果不将 repeat 变量设置为 False，那么 fit 函数将无限地运行。模型训练 10 轮后得到的验证准确率约为 70%。

6.3　使用预训练的词向量

当在特定领域（例如医学和制造业）工作时，存在大量用于训练词向量的数据，此时预训练的词向量将会非常有用。当几乎没有数据时，甚至不能有意义地训练词向量时，就可以使用这些在不同的数据语料库（如维基百科、谷歌新闻和 Twitter 推文）上训练好的词向量。许多团队都有使用不同方法训练的开源的词向量。在本节中，我们将探讨 `torchtext` 如何更容易地使用不同的词向量，以及如何在 PyTorch 模型中使用它们。它类似于我们在计算机视觉应用中使用的迁移学习。通常使用预训练词向量时将涉及以下步骤：

- 下载词向量；
- 在模型中加载词向量；
- 冻结 embedding 层权重。

下面详细探讨每个步骤的实现方式。

6.3.1 下载词向量

在下载词向量以及将它们映射到正确词方面，`torchtext` 抽象出了很多复杂度。在 `vocab` 模块中，`torchtext` 提供了 `GloVe`、`FastText`、`CharNGram` 三个类，它们简化了下载词向量和将其映射到词表的过程。每个类都提供了在不同数据集上训练并使用不同技术的词向量。让我们看看提供出的不同词向量：

- `charngram.100d`
- `fasttext.en.300d`
- `fasttext.simple.300d`
- `glove.42B.300d`
- `glove.840B.300d`
- `glove.twitter.27B.25d`
- `glove.twitter.27B.50d`
- `glove.twitter.27B.100d`
- `glove.twitter.27B.200d`
- `glove.6B.50d`
- `glove.6B.100d`

- glove.6B.200d
- glove.6B.300d

Field 对象的 build_vocab 方法接受一个词向量的参数。以下代码说明了如何下载词向量：

```
from torchtext.vocab import GloVe
TEXT.build_vocab(train, vectors=GloVe(name='6B',
dim=300),max_size=10000,min_freq=10)
LABEL.build_vocab(train,)
```

参数 vector 的值表示要使用的词向量的类。name 和 dim 参数确定可以使用哪些词向量。我们可以轻松地从 vocab 对象访问词向量。下面是相关代码和相应的输出结果。

```
TEXT.vocab.vectors
#输出
0.0000 0.0000 0.0000 ... 0.0000 0.0000 0.0000
0.0000 0.0000 0.0000 ... 0.0000 0.0000 0.0000
0.0466 0.2132 -0.0074 ... 0.0091 -0.2099 0.0539
         ... ⋱ ...
0.0000 0.0000 0.0000 ... 0.0000 0.0000 0.0000
0.7724 -0.1800 0.2072 ... 0.6736 0.2263 -0.2919
0.0000 0.0000 0.0000 ... 0.0000 0.0000 0.0000
[torch.FloatTensor of size 10002x300]
```

现在已经下载并将词向量映射到了词表。接下来了解一下如何在 PyTorch 模型中使用它们。

6.3.2　在模型中加载词向量

vectors 变量返回一个形状为 vocab_size x dimensions 的 torch 张量，其中包含了预训练的词向量。我们必须将词向量存储到 embedding 层的权重中。通过访问 embedding 层的权重来分配词向量的权重，如下面的代码所示：

```
model.embedding.weight.data = TEXT.vocab.vectors
```

model 表示网络的对象，embedding 表示嵌入层。当使用具有新维度的 embedding 层时，embedding 层之后的线性层的输入将会有微小改变。下面的代码使用了新架构，它和前面训练词向量时使用的架构类似：

```
class EmbNet(nn.Module):
    def __init__(self,emb_size,hidden_size1,hidden_size2=400):
```

```
            supe().__init__()
            self.embedding = nn.Embedding(emb_size,hidden_size1)
            self.fc = nn.Linear(hidden_size2,3)

        def forward(self,x):
            embeds = self.embedding(x).view(x.size(0),-1)
            out = self.fc(embeds)
            return F.log_softmax(out,dim=-1)

model=EmbNet(len(TEXT.vocab.stoi),300,12000)
```

词向量加载后，必须确保训练期间向量权重不会改变。下面讨论如何实现这一目标。

6.3.3 冻结 embedding 层权重

告知 PyTorch 不改变 embedding 层的权重的过程分为两步：

1. 将 `requires_grad` 属性设置为 `False`，它指示 PyTorch 这些权重不需要梯度；

2. 移除 embedding 层参数到优化器的传递。如果未执行此步骤，优化程序会抛出错误，因为它期望所有参数都具有梯度。

以下代码说明了如何冻结 embedding 层权重，并告知优化器不使用这些参数：

```
model.embedding.weight.requires_grad = False
optimizer = optim.SGD([ param for param in model.parameters()  if
param.requires_grad == True],lr=0.001)
```

通常将所有的模型参数传递给优化器，但是在上面的代码中只将 `requires_grad` 值为 `True` 的参数传给优化器。

我们可以使用这个精确的代码训练模型，并应达到类似的准确性。所有这些模型架构都未能利用文本的顺序性。在下一节中将探讨两种利用了数据的顺序特性的流行技术，它们是 RNN 和 Conv1D。

6.4 递归神经网络（RNN）

RNN 是最强大的模型之一，它使我们能够开发如分类、序列数据标注、生成文本序列（例如预测下一输入词的 SwiftKey keyboard 应用程序），以及将一个序列转换为另一个序列（比如从法语翻译成英语的语言翻译）等应用程序。大多数模型架构（如前馈神经网络）都没有利用数据的序列特性。例如，我们需要数据呈现出向量中每个样例的特征，如表示句子、段落或文档的所有 token。前馈网络的设计只是为了一次性地查看所有特征并将它们映射到输出。让我们看一个文本示例，它显示了为什么顺序或序列特性对文本很重要。*I had cleaned my car* 和 *I had my car cleaned* 两个英文句子，用同样的单词，但只有考虑单词的顺序时，它们才意味着不同的含义。

人类通过从左到右阅读词序列来理解文本，并构建了可以理解文本数据中所有不同内容的强大模型。RNN 的工作方式有些许类似，每次只查看文本中的一个词。RNN 也是一种包含某特殊层的神经网络，它并不是一次处理所有数据而是通过循环来处理数据。由于 RNN 可以按顺序处理数据，因此可以使用不同长度的向量并生成不同长度的输出。图 6.3 提供了一些不同的表示形式。

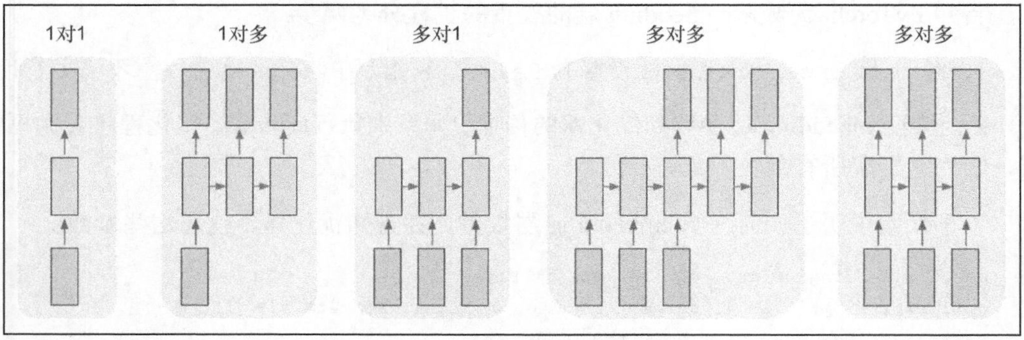

图 6.3

图 6.3 来自关于 RNN 一个著名博客（`http://karpathy.github.io/2015/05/21/rnn-effectiveness`），其中作者 Andrej Karpathy 写明了如何使用 Python 从头开始构建 RNN 并将其用作序列生成器。

6.4.1 通过示例了解 RNN 如何使用

假设我们已经构建了一个 RNN 模型，并且尝试了解它提供的功能。当了解了 RNN 的作用后，就可以来探讨一下 RNN 内部发生了什么。

让我们用 *Thor* 的评论作为 RNN 模型的输入。我们正在看的示例文本是 *the action scenes were top notch in this movie...* . 首先将第一个单词 the 传递给模型；该模型生成了状态向量和输出向量两种不同的向量。状态向量在处理评论中的下一个单词时传递给模型，并生成新的状态向量。我们只考虑在最后一个序列中生成的模型的输出。图 6.4 概括了这个过程。

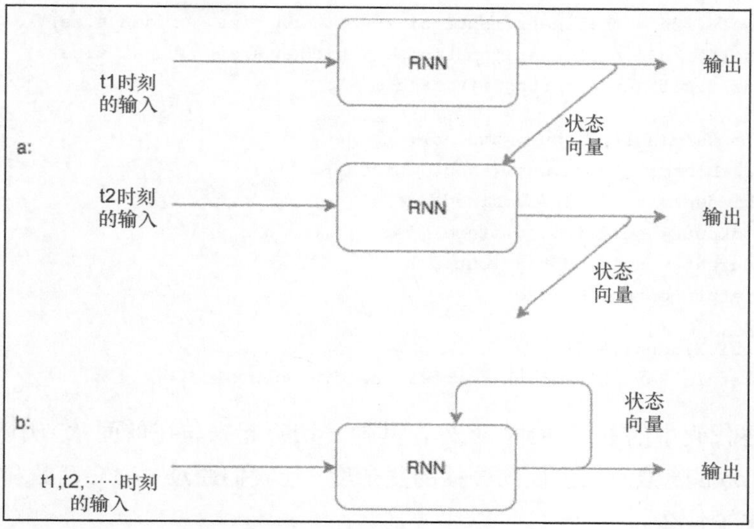

图 6.4

图 6.4 演示了以下内容：

- RNN 如何通过展开和图像来工作；
- 状态如何以递归方式传递给同一模型。

到现在为止，我们只是了解了 RNN 的功能，但并不知道它是如何工作的。在了解其工作原理之前来看一些代码片段，它会更详细地展示我们学到的东西。仍然将 RNN 视为黑盒：

```
rnn = RNN(input_size, hidden_size,output_size)
for i in range(len(Thor_review):
        output, hidden = rnn(thor_review[i], hidden)
```

在上述代码中，hidden 变量表示状态向量，有时也称为隐藏状态。到现在为止，我们应该知道了如何使用 RNN。现在来看一下实现 RNN 的代码，并了解 RNN 内部发生的情况。以下代码包含 RNN 类：

```
import torch.nn as nn
from torch.autograd import Variable

class RNN(nn.Module):
    def __init__(self, input_size, hidden_size, output_size):
        super(RNN, self).__init__()
        self.hidden_size = hidden_size
```

```
        self.i2h = nn.Linear(input_size + hidden_size, hidden_size)
        self.i2o = nn.Linear(input_size + hidden_size, output_size)
        self.softmax = nn.LogSoftmax(dim = 1)

    def forward(self, input, hidden):
        combined = torch.cat((input, hidden), 1)
        hidden = self.i2h(combined)
        output = self.i2o(combined)
        output = self.softmax(output)
        return output, hidden

    def initHidden(self):
        return Variable(torch.zeros(1, self.hidden_size))
```

除了上述代码中的单词 RNN 之外，其他一切听起来与在前面章节中使用的非常类似，因为 PyTorch 隐藏了很多反向传播的复杂度。让我们通过 `init` 函数和 `forward` 函数来了解发生了什么。

`__init__`函数初始化了两个线性层，一个用于计算输出，另一个用于计算状态或隐藏向量。

`forward` 函数将 `input` 向量和 `hidden` 向量组合在一起，并将其传入两个线性层，从而生成输出向量和隐藏状态。对于 `output` 层，我们应用 `log_softmax` 函数。

`initHidden` 函数有助于创建隐藏向量，而无需在第一次时声明调用 RNN。让我们通过图 6.5 了解 RNN 类的作用。

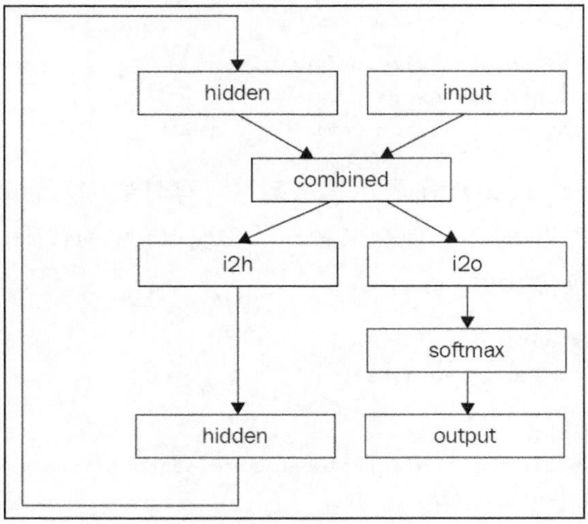

图 6.5

图 6.5 说明了 RNN 的工作原理。

> 当第一次接触 RNN 时，它的概念有时很难理解，因此强烈推荐通过以下两个非常好的博客进行了解：`http://karpathy.Github.io/2015/05/21/rnn-effectiveness/`和 `http://colah.Github.io/posts/2015-08Understanding-LSTMs/`。

在下一节中，我们将学习如何使用 RNN 的变体 LSTM 在 `IMDB` 数据集上构建情感分类器。

6.5 LSTM

RNN 在构建实际应用程序如语言翻译、文本分类和更多的序列化问题方面非常常见，但实际上很少使用上一节中看到的 RNN 的普通版本。RNN 的普通版本在处理大型序列时存在梯度消失和梯度爆炸等问题。在大多数现实问题中，我们使用的是诸如 LSTM 或 GRU 这些 RNN 的变体，它们突破了普通 RNN 的限制，并且还能够更好地处理序列化数据。我们将尝试了解 LSTM 中发生的情况，并构建基于 LSTM 的网络，以解决 `IMDB` 数据集上的文本分类问题。

6.5.1 长期依赖

理论上，RNN 应该学习来自历史数据的所有依赖关系，以构建后续内容的上下文。比如说，我们试图预测句子 *the clouds are in the sky* 的最后一个词。RNN 能够预测它的，因为信息（cloud）只在几个词之之前。我们看下另一个长段落，其中依赖关系不必那么靠近，我们要预测段落的最后一词。句子看起来如同 *I am born in Chennai a city in Tamilnadu. Did schooling in different states of India and I speak...*。实际会发现 RNN 的普通版本很难记住序列前面部分的上下文。LSTM 和 RNN 的其他不同变体通过在 LSTM 内部添加不同的神经网络来解决这个问题，它们决定了可以记住多少或哪些数据。

6.5.2 LSTM 网络

LSTM 是一种特殊的 RNN，能够学习长期依赖性。它们于 1997 年推出，并在过去几年中随着可用数据和硬件的进步而受到欢迎。它们在各种各样的问题上运行得非常好，并且被广泛使用。

LSTM 旨在通过可以记住长时间段内信息的设计来避免长期依赖性问题。在 RNN 中，我们看到了它们如何在序列的每个元素上进行循环处理。在标准 RNN 中，重复模块将具有类似单个线性层的架构。

图 6.6 说明了简单 RNN 如何重复处理的。

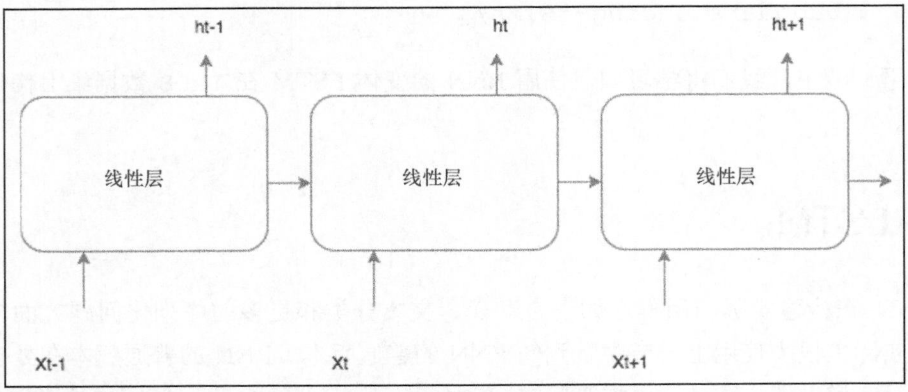

图 6.6

在 LSTM 内部拥有可以完成独立工作的较小的网络，它们替代了简单线性层。图 6.7 说明了 LSTM 内部发生的情况。

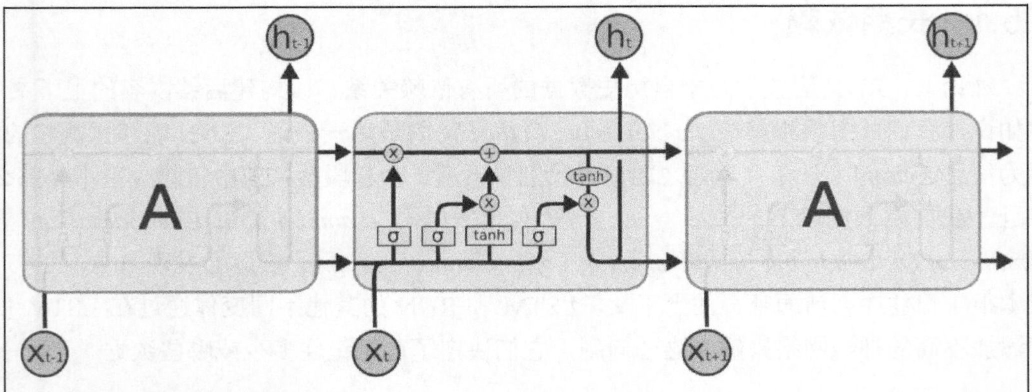

图 6.7

图 6.7 第二个框中的每个小矩形（黄色）框表示 PyTorch 层，圆圈表示元素矩阵或向量加法，合并线表示把两个向量组合在一起。好的部分是我们不需要手动实现所有这

些。大多数现代深度学习框架都提供了 LSTM 内部处理的抽象。PyTorch 提供了 `nn.LSTM` 层中所有功能的抽象，我们可以像使用其他层一样使用它。LSTM 中最重要的是流经所有迭代的单元状态，它由图 6.7 中连接了单元的水平线表示。LSTM 内的多个网络控制哪些信息在单元状态中传播。LSTM（由符号 σ 表示的小型网络）的第一步是决定从单元状态中丢弃哪些信息。该网络称为遗忘门，使用 sigmoid 作为激活函数，它为单元状态中的每个元素输出 0 到 1 之间的值。网络（PyTorch 层）使用以下公式表示：

$$f_t = \sigma(W_f \cdot [h_{t-1}, X_t] + b_f)$$

来自网络的值决定哪些值将保持在单元状态中以及哪些值将被丢弃。下一步是确定要添加到单元状态的信息。这有两个部分：一个 sigmoid 层，称为输入门，决定要更新的值；另一个是 tanh 层，它创建要添加到单元状态的新值。数学表示如下所示：

$$i_t \sigma(W_i \cdot [h_{t-1}, X_t] + b_i)$$

$$\acute{C}_t = tanh(W_{\acute{C}} \cdot [h_{t-1}, X_t] + b_{\acute{C}})$$

在下一步中，将输入门和 tanh 生成的两个值组合在一起。现在可以通过在遗忘门和 i_t 以及 C_t 的乘积之和之间进行逐元素乘法来更新单元状态，公式表示如下：

$$\acute{C}_t = f_t * C_t + i_t * \acute{C}_t$$

最后，需要决定输出，它将是单元状态的过滤版本。LSTM 有不同的版本，其中大多数都遵循类似的原则。作为开发人员或数据科学家，我们很少需要担心 LSTM 内部会发生什么。如果想了解有关它们的更多信息，请浏览以下博客链接，这些链接以非常直观的方式介绍了许多理论。

看看 Christopher Olah 关于 LSTM 的精彩博客（`http://colah.github.io/posts/2015-08-Understanding-LSTMs`），以及 Brandon Rohrer 的另一篇博客（`https://brohrer.github.io/how_rnns_lstm_work.html`），他在一个精彩的视频中解释了 LSTM。

在理解了 LSTM 之后，让我们来实现一个用于构建情感分类器的 PyTorch 网络。像往常一样，按照以下步骤创建分类器。

1. 准备数据。

2. 创建批次。

3. 创建网络。

4. 训练模型。

1. 准备数据

我们使用相同的 torchtext 来下载、分词和构建 IMDB 数据集的词表。在创建 Field 对象时，让 batch_first 参数的值为 False。RNN 网络期待数据具有的形式为 Sequence_length、batch_size 和 features。以下代码用于准备数据集：

```
TEXT = data.Field(lower=True,fix_length=200,batch_first=False)
LABEL = data.Field(sequential=False,)
train, test = IMDB.splits(TEXT, LABEL)
TEXT.build_vocab(train, vectors=GloVe(name='6B',
dim=300),max_size=10000,min_freq=10)
LABEL.build_vocab(train,)
```

2. 创建批次

使用 torchtext 的 BucketIterator 类来创建批次，批的大小将包括序列长度和批尺寸。对于我们的案例，批的大小将是[200,32]，其中 200 是序列长度，32 是批尺寸。

以下是用于创建批数据的代码：

```
train_iter, test_iter = data.BucketIterator.splits((train,test),
batch_size=32, device=-1)
train_iter.repeat=False
test_iter.repeat=False
```

3. 创建网络

先大概浏览再仔细看一下代码，大家可能会对代码看起来有多相似而感到惊讶：

```
class IMDBRnn(nn.Module):
    def __init__ (self,vocab,hidden_size,n_cat,bs=1,nl=2):
        super().__init__()
        self.hidden_size = hidden_size
        self.bs = bs
        self.nl = nl
        self.e = nn.Embedding(n_vocab,hidden_size)
        self.rnn = nn.LSTM(hidden_size,hidden_size,nl)
        self.fc2 = nn.Linear(hidden_size,n_cat)
        self.softmax = nn.LogSoftmax(dim=-1)
    def forward(self,inp):
        bs = inp.size()[1]
```

```
        if  bs != self.bs:
            self.bs = bs
        e_out = self.e(inp)
        h0=c0=
Variable(e_out.data.new(*(self.nl,self.bs,self.hidden_size)).zero_())
        rnn_o,_ = self.rnn(e_out,(h0,c0))
        rnn_o = rnn_o[-1]
        fc= F.dropout(self.fc2(rnn_o),p=0.8)
        return self.softmax(fc)
```

init 方法用词表大小和 hidden_size 为参数创建 embedding 层。它还创建了 LSTM 和线性层。最后一层是 LogSoftmax 层，用于将线性层的结果转换为概率。

在 forward 函数中，我们传入大小为[200,32]的输入数据，它经过 embedding 层，批数据中的每个 token 都被词向量替换，大小变为[200,32,100]，其中 100 是词向量的维度。LSTM 层获取 embedding 层的输出以及两个隐藏变量。隐藏变量应与 embedding 层输出的类型相同，其大小应为[num_layers，batch_size，hidden_size]。LSTM 处理序列中的数据并生成形状为[Sequence_length，batch_size，hidden_size]的输出，其中每个序列的索引表示该序列的输出。本例中，我们只取最后一个序列的输出，其形状为[batch_size，hidden_dim]，并将其传递给线性层以将其映射到输出类别。由于模型倾向于过拟合，因此添加一个 dropout 层。可以使用 dropout 概率。

4. 训练模型

一旦创建网络后，就可以使用前面示例中所示的相同代码训练模型。以下是训练模型的代码：

```
model = IMDBRnn(n_vocab,n_hidden,3,bs=32)
model = model.cuda()

optimizer = optim.Adam(model.parameters(),lr=le-3)

def fit(epoch,model,data_loader,phase=,training,,volatile=False):
    if phase == 'training1:
        model.train()
    if phase == 'validation1:
        model.eval()
        volatile=True
    running_loss = 0.0
    running_correct = 0
    for batch_idx r batch in enumerate(data_loader):
        text r target = batch.text r batch.label
```

```
        if is_cuda:
            text,target = text.cuda(),target.cuda()
        if phase == 'training':
            optimizer.zero_grad()
        output = model(text)
        loss = F.nll_loss(output,target)
        running_loss +=
F.nll_loss(output,target,size_average=False).data[0]
        preds = output.data.max(dim=1,keepdim=True)[1]
        running_correct += preds.eq(target.data.view_as(preds)).cpu().sum()
        if phase == 'training':
            loss.backward()
            optimizer.step()
    loss = running_loss/len(data_loader.dataset)
    accuracy = 100. * running_correct/len(data_loader.dataset)
    print(f'{phase} loss is {loss:{5}.{2}} and {phase} accuracy is
{running_correct}/{len(data_loader.dataset)}{accuracy:{10}.{4}}')
    return loss,accuracy

train_losses , train_accuracy =[],[]
val_losses , val_accuracy =[],[]

for epoch in range(1,5):

    epoch_loss, epoch_accuracy =
fit(epoch,model,train_iter,phase='training')
    val_epoch_loss r,val_epoch_accuracy =
fit(epoch,model,test_iter,phase='validation')
    train_losses.append(epoch_loss)
    train_accuracy.append(epoch_accuracy)
    val_losses.append(val_epoch_loss)
    val_accuracy.append(val_epoch_accuracy)
```

以下是训练模型的结果：

```
#结果
training loss is    0.7  and training accuracy is 12564/25000      50.26
validation loss is    0.7  and validation accuracy is 12500/25000       50.0
training loss is   0.66  and training accuracy is 14931/25000      59.72
validation loss is   0.57  and validation accuracy is 17766/25000       71.06
training loss is   0.43  and training accuracy is 20229/25000      80.92
validation loss is   0.4  and validation accuracy is 20446/25000       81.78
training loss is    0.3  and training accuracy is 22026/25000      88.1
validation loss is  0.37  and validation accuracy is 21009/25000       84.04
```

训练了 4 轮的模型给出了 84%的准确率。模型训练更多轮后出现了过拟合，因为损失值开始增加。我们可以尝试一些此前尝试过的技术，例如降低隐藏层的维度、增加序列长度，以及使用较小的学习率进行训练等，以进一步提高准确率。

我们还将探索如何使用一维卷积来训练序列化数据。

6.6 基于序列数据的卷积网络

我们了解了 CNN 如何通过学习图像中的特征来解决计算机视觉中的问题。在图像中，CNN 通过在高度和宽度上卷积来工作。同样地，时间可以看作卷积特征。一维卷积有时比 RNN 表现更好，并且计算成本更低。在过去几年中，Facebook 等公司在音频生成和机器翻译应用上取得了这方面的成功。

本节将学习如何使用 CNN 来构建文本分类解决方案。

6.6.1 理解序列化数据的一维卷积

第 5 章已经讲解了如何从训练数据中学习二维权重。这些权重在图像上移动以产生不同的激活。同样地，一维卷积激活在文本分类器训练期间学习，其中权重通过在数据间移动来学习模式。图 6.8 说明了一维卷积如何工作的。

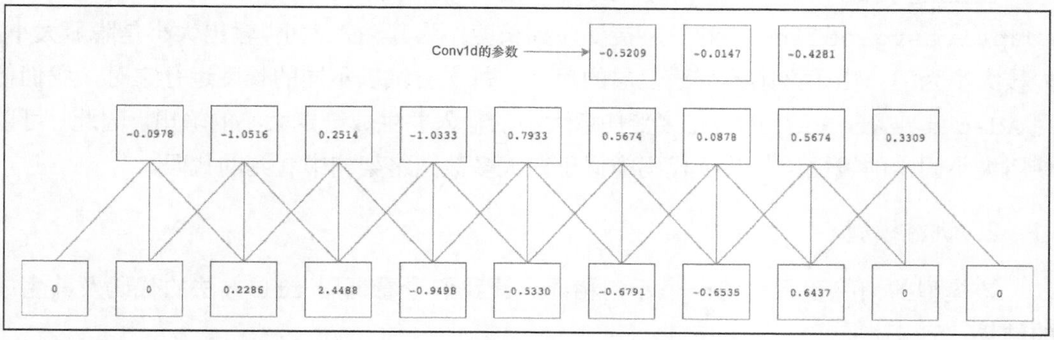

图 6.8

为了在 IMDB 数据集上训练文本分类器，我们将遵循使用 LSTM 构建分类器时遵循的相同步骤。唯一改变的是使用 `batch_first = True`，这与 LSTM 网络不同。所以，让我们看看网络、训练代码及其结果。

1. 创建网络

让我们先看看网络架构，然后再仔细看每一行代码：

```
class IMDBCnn(nn.Module):
    def
__init__(self,vocab,hidden_size,n_cat,bs=1,kernel_size=3,max_len=200):
        super().__init__()
        self.hidden_size = hidden_size
        self.bs = bs
    self.e = nn.Embedding(n_vocab,hidden_size)
    self.cnn = nn.Conv1d(max_len,hidden_size,kernel_size)
    self.avg = nn.AdaptiveAvgPool1d(10)
        self.fc = nn.Linear(1000,n_cat)
        self.softmax = nn.LogSoftmax(dim=-1)
    def forward(self,inp):
        bs = inp.size()[0]
        if bs != self.bs:
            self.bs = bs
        e_out = self.e(inp)
        cnn_o = self.cnn(e_out)
        cnn_avg = self.avg(cnn_o)
        cnn_avg = cnn_avg.view(self.bs,-1)
        fc = F.dropout(self.fc(cnn_avg),p=0.5)
        return self.softmax(fc)
```

在上述代码中，不再使用 LSTM 层，而是使用一个 Conv1d 层和一个 AdaptiveAvgPool1d 层。卷积层接受序列长度作为其输入大小，输出大小是隐藏大小，内核大小为 3。由于必须改变线性层的尺寸，每次尝试以不同的长度运行它时，我们使用 AdaptiveAvgPool1d，它接受任意大小的输入并生成给定大小的输出。因此，可以使用大小固定的线性层。其余代码类似于在大多数网络架构中看到的代码。

2. 训练模型

该模型的训练步骤与前一个示例相同。让我们看看调用 fit 方法的代码及其生成的结果：

```
train_losses , train_accuracy = [],[]
val_losses , val_accuracy = [],[]

for epoch in range(1,5):

    epoch_loss, epoch_accuracy =
```

```
fit(epoch,model,train_iter,phase='training')
    val_epoch_loss , val_epoch_accuracy =
fit(epoch,model,test_iter,phase='validation')
    train_losses.append(epoch_loss)
    train_accuracy.append(epoch_accuracy)
    val_losses.append(val_epoch_loss)
    val_accuracy.append(val_epoch_accuracy)
```

我们运行了 4 轮的模型，准确率大约为 83%。以下是模型运行的结果：

```
training loss is   0.59 and training accuracy is 16724/25000       66.9
validation loss is   0.45 and validation accuracy is 19687/25000       78.75
training loss is   0.38 and training accuracy is 20876/25000       83.5
validation loss is    0.4 and validation accuracy is 20618/25000        82.47
training loss is   0.28 and training accuracy is 22109/25000       88.44
validation loss is   0.41 and validation accuracy is 20713/25000        82.85
training loss is   0.22 and training accuracy is 22820/25000       91.28
validation loss is   0.44 and validation accuracy is 20641/25000        82.56
```

由于 validation loss 在第三轮之后开始增加，因此停止了运行该模型。我们可以尝试改进结果的一些做法，比如使用预训练权重、添加另一个卷积层、在卷积之间加入 MaxPool1d 层等。您可以自己尝试，看看这些做法是否有助于提高准确率。

6.7 小结

本章学习了在深度学习中表示文本数据的不同技术。我们学习了在工作于不同领域时，如何使用预训练的词向量和自己训练的词向量，并使用 LSTM 和一维卷积构建了一个文本分类器。

在下一章中，将学习如何训练深度学习算法生成特定风格的图片和新图片，以及如何生成文本。

第 7 章 生成网络

前面章节看到的所有例子都专注于解决分类或回归问题。本章非常有趣，而且对理解深度学习如何解决非监督学习问题非常重要。

本章将训练网络，让其创建下述内容：

- 基于内容和特殊艺术风格的图片，俗称风格迁移（style transfer）；
- 使用特殊类型的生成对抗网络（Generative Adversarial Network，GAN）生成新的人脸；
- 使用语言模型生成新的文本。

这些技术构成了发生在深度学习领域中大多数高级研究的基础。深入某一子领域的确切细节，如 GAN 和语言模型，超出了本书的范畴，因为它们的内容完全可以独立成册。我们将学习它们通常是如何工作的以及用 PyTorch 构建它们的过程。

7.1 神经风格迁移

我们人类生成的艺术品具有不同水平的准确度和复杂性。尽管创作艺术作品可能是个非常复杂的过程，它可以看成两个重要因素的联合，即画什么和怎么画。画什么来自于我们身边所见事物的启发，怎么画也受我们周边所发现的某些事物的影响。从画家的角度来看，这可能有点过度简单化了，但对如何使用深度学习算法创作艺术品却非常有用。我们将训练深度学习算法从图片中获取内容，然后根据指定的艺术风格进行绘画。如果你是个艺术家，或在创艺界工作，你可以直接使用近年来这方面的杰出成果来改善作品，并在所工作的领域中创作出很酷的东西。即使你不是搞创作的，它也会带你进入生成模型的领域，其中网络将会生成新的内容。

让我们从高层次上理解神经风格迁移做了什么，然后深入细节，并了解构建它们的PyTorch 代码。风格迁移算法由内容图片（C）和风格图片（S）提供，算法必须生成一个具有内容图片内容和风格图片风格的新图片（O）。这一创建神经风格迁移的过程由Leon Gates 和其他一些人在 2015 年引入（`A Neural Algorithm of Artistic Style`）。图 7.1 是我们要使用的内容图片（C）。

图 7.1

图 7.2 是风格图片（S）。

图 7.2

图 7.3 我们将要生成的图片。

图 7.3

理解了卷积神经网络如何工作，就可以直观地了解风格迁移背后的思想。当训练 CNN 识别物体时，训练好的 CNN 前面的层学习的是非常基本的信息，如线条、曲线和图形。CNN 后面的层捕捉一张图片较高层次的概念，如眼睛、建筑树木等，因而类似图像后面的层的值趋向于相近。我们把同样的概念应用到内容损失上。内容图片的最后一层和生成的图片应该是相似的，我们使用均方误差（MSE）计算相似度，使用优化算法降低损失值。

图片风格通常跨 CNN 的多个层由一种称为格拉姆矩阵（gram matrix）的技术捕捉。格拉姆矩阵计算跨多层捕获的特征平面的相关性。格拉姆矩阵给出了计算风格的度量。相似风格的图片对于格拉姆矩阵具有近似的值。风格损失也使用风格图片和生成图片之间的格拉姆矩阵的 MSE 计算。

我们将使用 torchvision 提供的预训练好的 VGG19 模型。训练风格迁移模型需要的步骤和任何其他的深度学习模型类似，但是与分类或回归问题相比，涉及的计算损失值更多。神经风格算法的训练可以分解成下面的步骤。

1．加载数据。

2．创建 VGG19 模型。

3．定义内容损失。

4．定义风格损失。

5．从 VGG 模型中跨层提取损失。

6．创建优化器。

7．训练并生成图片，该图片与内容图片的内容类似，与风格图片的风格类似。

7.1.1 加载数据

加载数据和第 5 章中用于解决图像分类问题的步骤相类似。我们将使用预训练好的 VGG 模型，因而必须将图片归一化为与预训练模型在其上训练的数据集相同的尺寸。

下面的代码展示了我们是如何做的。代码很好理解，因为前面的章节中已详细讨论过：

```
#固定图片大小，如果没有使用 GPU，请进一步减小尺寸。
imsize = 512
is_cuda = torch.cuda.is_available()

#转换图片，使其适于 VGG 模型的训练
prep = transforms.Compose([transforms.Resize(imsize),
                           transforms.ToTensor(),
                           transforms.Lambda(lambda x:
x[torch.LongTensor([2,1,0])]), #变成 BGR
                            transforms.Normalize(mean=[0.40760392,
0.45795686, 0.48501961], #减去 imagenet 均值
                                          std=[1,1,1]),
                            transforms.Lambda(lambda x: x.mul_(255)),
                           ])

#将生成的图片转换回可以呈现的格式
postpa = transforms.Compose([transforms.Lambda(lambda x: x.mul_(1./255)),
                             transforms.Normalize(mean=[-0.40760392,
-0.45795686, -0.48501961], #加上 imagenet 均值
                                          std=[1,1,1]),
                            transforms.Lambda(lambda x:
x[torch.LongTensor([2,1,0])]), #变成 RGB
                           ])
postpb = transforms.Compose([transforms.ToPILImage()])

#这个方法确保图片数据不会超出允许的范围
def postp(tensor): # 把结果修剪到[0,1]范围
    t = postpa(tensor)
    t[t>1] = 1
    t[t<0] = 0
```

```
    img = postpb(t)
    return img

#使数据加载更简单的工具函数
def image_loader(image_name):
    image = Image.open(image_name)
    image = Variable(prep(image))
    #拟合网络输入尺寸所需的假批处理尺寸
    image = image.unsqueeze(0)
    return image
```

这段代码中，定义了 3 个函数，prep 函数进行所有需要的预处理工作，并使用 VGG 模型训练时用的相同值进行归一化操作。模型的输出需要反归一化到初始值，postpa 函数进行需要的处理工作。生成模型可能有超出可接受范围的值，postp 函数将所有大于 1 的值置为 1，所有小于 0 的值置为 0。最后 image_loader 函数加载图片，对图片应用预处理转换，并将转换存入变量。下面的函数加载了风格和内容图片：

```
style_img = image_loader("Images/vangogh_starry_night.jpg")
content_img = image_loader("Images/Tuebingen_Neckarfront.jpg")
```

我们可以创建带有噪声（随机数字）的图像，或可以使用相同的内容图片。本例将使用内容图片。下面的代码创建了内容图片：

```
opt_img = Variable(content_img.data.clone(),requires_grad=True)
```

我们将使用优化器优化 opt_img 的值，以使得图片更近似内容图片和风格图片。为此，我们通过代码设置 requires_grad=True 告知 PyTorch 为我们维护梯度。

7.1.2　创建 VGG 模型

我们将从 torchvisions.models 加载预训练好的模型。我们只用该模型提取特征，PyTorch 的 VGG 模型是这样定义的，所有的卷积组件都在 features 模块中，全连接层或说线性层都在 classifier 模块中。因此不会训练 VGG 模型的任何权重参数，因此将会冻结模型。代码如下：

```
#创建预训练好的 VGG 模型
vgg = vgg19(pretrained=True).features
#冻结训练中用不到的层
for param in vgg.parameters():
    param.requires_grad = False
```

这段代码创建了一个 VGG 模型，我们只使用它的卷积组件，并冻结了模型的所有参数，原因是我们只用它提取特征。

7.1.3 内容损失

内容损失（content loss）是在特定层的输出上计算的均方误差，通过在网络中传输两张图片提取。我们传入内容图片和要优化的图片，使用 register_forward_hook 函数从 VGG 中提取中间层的输出。计算从这些层的输出中获取的 MSE，如下面的代码所示：

```
target_layer = dummy_fn(content_img)
noise_layer = dummy_fn(noise_img)
criterion = nn.MSELoss()
content_loss = criterion(target_layer,noise_layer)
```

下一节的代码中将实现 dummy_fn。现在，只需知道 dummy_fn 函数通过传入图片返回了特定层的输出。我们通过把内容图片和噪声图片传递给 MSE loss 函数来传递生成的输出。

7.1.4 风格损失

风格损失（style loss）是跨多层进行计算的。风格损失是每个特征平面生成的格拉姆矩阵的均方误差。格拉姆矩阵表示特征之间的相关性度量。下面使用表 7.1 和代码实现来理解格拉姆矩阵是怎么工作的。

表 7.1 所示为维度为[2, 3, 3, 3]的特征平面的输出，列属性为 Batch_size、Channels 和 Values。

表 7.1

Batch_size	Channels	Values		
1	1	0.1	0.1	0.1
		0.2	0.2	0.2
		0.3	0.3	0.3
	2	0.2	0.2	0.2
		0.2	0.2	0.2
		0.2	0.2	0.2
	3	0.3	0.3	0.3
		0.3	0.3	0.3
		0.3	0.3	0.3

续表

Batch_size	Channels	Values		
2	1	0.1	0.1	0.1
		0.2	0.2	0.2
		0.3	0.3	0.3
	2	0.2	0.2	0.2
		0.2	0.2	0.2
		0.2	0.2	0.2
	3	0.3	0.3	0.3
		0.3	0.3	0.3
		0.3	0.3	0.3

为了计算格拉姆矩阵，需要把每个通道的所有值扁平化，然后通过和它的转置相乘找到相关性，如表 7.2 所示。

表 7.2

Batch_size	Channels	BMM(Gram Matrix, Transpose(Gram Matrix))
1	1	(0.1,0.1,0.1,0.2,0.2,0.2,0.3,0.3,0.3,)
	2	(0.2,0.2,0.2,0.2,0.2,0.2,0.2,0.2,0.2)
	3	(0.3,0.3,0.3,0.3,0.3,0.3,0.3,0.3,0.3)
2	1	(0.1,0.1,0.1,0.2,0.2,0.2,0.3,0.3,0.3,)
	2	(0.2,0.2,0.2,0.2,0.2,0.2,0.2,0.2,0.2)
	3	(0.3,0.3,0.3,0.3,0.3,0.3,0.3,0.3,0.3)

我们所做的就是对每一通道，把所有值扁平化成一个向量或张量。下面的代码实现了这点：

```
class GramMatrix(nn.Module):
    def forward(self,input):
        b,c,h,w = input.size()
        features = input.view(b,c,h*w)
        gram_matrix = torch.bmm(features,features.transpose(1,2))
        gram_matrix.div_(h*w)
        return gram_matrix
```

使用 `forward` 函数将 GramMatrix 实现为 PyTorch 的另一模块，这样就可以像使用 PyTorch 层一样使用它。用下面这行代码，从输入图片提取不同的维度：

```
b,c,h,w = input.size()
```

这里，b 表示批，c 表示滤波器或通道，h 表示高，w 表示宽。下一步，将使用下面的代码原样保存批和通道的维度，并扁平化所有高度和宽度的维度值：

```
features = input.view(b,c,h*w)
```

格拉姆矩阵通过将扁平化的值和它的转置向量相乘来计算。可以使用 PyTorch 中的批矩阵相乘函数处理，函数名为 torch.bmm()，如下面的代码所示：

```
gram_matrix = torch.bmm(features,features.transpose(1,2))
```

通过除以元素个数将格拉姆矩阵的值归一化，这避免了影响某特征平面评分的值过多。在 GramMatrix 计算完成后，计算风格损失就变得很简单，实现代码如下：

```
class StyleLoss(nn.Module):
    def forward(self,inputs,targets):
        out = nn.MSELoss()(GramMatrix()(inputs),targets)
        return (out)
```

StyleLoss 实现为 PyTorch 的另一个层。它计算了输入的 GramMatrix 值和风格图片 GramMatrix 值的均方误差。

7.1.5 提取损失

如同在第 5 章中使用 register_forward_hook() 函数提取卷积层的激活值一样，我们可以提取需要的不同卷积层的损失值来计算风格损失和内容损失。有一点不同的是，我们不是从一个层提取，而是需要提取多层的输出。下面的类集成了需要的修改：

```
class LayerActivations():
    features=[]
    def __init__(self,model,layer_nums):
        self.hooks = []
        for layer_num in layer_nums:
self.hooks.append(model[layer_num].register_forward_hook(self.hook_fn))
    def hook_fn(self,module,input,output):
        self.features.append(output)

    def remove(self):
        for hook in self.hooks:
            hook.remove()
```

__init__ 方法接受要在其上调用 register_forward_hook 方法的模型，以及需要提取输出的层编号作为参数。register_forward_hook 方法中的 for 循环对层数进行迭代，并对拉取输出所需要的 forward hook 进行注册。

传入 register_forward_hook 方法的 hook_fn 方法，在 hook_fn 函数注册的那一层之后，由 PyTorch 调用。函数会捕捉输出，并存入到 features 数组。

不再需要捕捉输出之后，需要调用 remove 函数。如果忘记调用 remove 方法，由于所有的输出都累加在一起，会引发内存溢出的异常。

编写另一个风格和内容图片需要的可用于提取输出的函数，下面的函数实现了这样的功能：

```
def extract_layers(layers,img,model=None):
    la = LayerActivations(model,layers)
    #清空缓存
    la.features = []
    out = model(img)
    la.remove()
    return la.features
```

在 extract_layers 函数中，通过传入模型和网络层编号来创建 LayerActivations 类的对象。特征列表可能包含上一次的运行结果，所以需要重新初始化以清空列表。然后为模型传入图片，我们不会使用输出，我们更感兴趣的是 features 数组中的输出。调用 remove 方法清空模型所有注册的钩子函数，并返回特征。下面的代码展示了如何提取风格和内容图片的对象：

```
content_targets = extract_layers(content_layers,content_img,model=vgg)
style_targets = extract_layers(style_layers,style_img,model=vgg)
```

提取出对象后，需要将输出和创建它们的图片解绑。记住，所有的输出都是 PyTorch 变量，它们包含了创建时的原始信息。不过我们的例子中，我们更感兴趣的是输出值而非图像，因为我们既不会更新 style 图片也不会更新 content 图片。下面的代码对这一技术进行了阐述：

```
ontent_targets = [t.detach() for t in content_targets]
style_targets = [GramMatrix()(t).detach() for t in style_targets]
```

解绑后，把所有的对象加入到一个列表中，代码如下：

```
targets = style_targets + content_targets
```

当计算风格和内容损失时，我们传入了两个称为内容层和风格层的列表。不同层的选择将会影响到生成的图片质量。让我们选择和作者论文中提到的相同层。下面的代码展示了这里要使用的层：

```
style_layers = [1,6,11,20,25]
content_layers = [21]
loss_layers = style_layers + content_layers
```

优化器需要的是一个可最小化的标量值。为得到这个标量值，需要把不同层的损失值汇总求和。对损失值加权求和是一个通用的实践，我们再次选用和论文中实现（GitHub 库：https://github.com/leongatys/PytorchNeuralStyleTransfer）相同的权重。我们在原实现的基础上做了轻微的修改。下面的代码描述了使用到的权重，这些权重通过选中层的滤波器个数计算：

```
style_weights = [1e3/n**2 for n in [64,128,256,512,512]]
content_weights = [1e0]
weights = style_weights + content_weights
```

为了可视化这一点，可以打印出 VGG 层。花点时间来观察下选择了哪些层，我们可以体现不同的层组合。使用下面的代码打印 VGG 层：

```
print(vgg)

#结果

Sequential(
  (0): Conv2d (3, 64, kernel_size=(3, 3), stride=(1, 1), padding=(1, 1))
  (1): ReLU(inplace)
  (2): Conv2d (64, 64, kernel_size=(3, 3), stride=(1, 1), padding=(1, 1))
  (3): ReLU(inplace)
  (4): MaxPool2d(kernel_size=(2, 2), stride=(2, 2), dilation=(1, 1))
  (5): Conv2d (64, 128, kernel_size=(3, 3), stride=(1, 1), padding=(1, 1))
  (6): ReLU(inplace)
  (7): Conv2d (128, 128, kernel_size=(3, 3), stride=(1, 1), padding=(1, 1))
  (8): ReLU(inplace)
  (9): MaxPool2d(kernel_size=(2, 2), stride=(2, 2), dilation=(1, 1))
  (10): Conv2d (128, 256, kernel_size=(3, 3), stride=(1, 1), padding=(1,1))
  (11): ReLU(inplace)
  (12): Conv2d (256, 256, kernel_size=(3, 3), stride=(1, 1), padding=(1,1))
  (13): ReLU(inplace)
  (14): Conv2d (256, 256, kernel_size=(3, 3), stride=(1, 1), padding=(1,1))
  (15): ReLU(inplace)
  (16): Conv2d (256, 256, kernel_size=(3, 3), stride=(1, 1), padding=(1,1))
  (17): ReLU(inplace)
```

```
      (18): MaxPool2d(kernel_size=(2, 2), stride=(2, 2), dilation=(1, 1))
      (19): Conv2d (256, 512, kernel_size=(3, 3), stride=(1, 1), padding=(1,1))
      (20): ReLU(inplace)
      (21): Conv2d (512, 512, kernel_size=(3, 3), stride=(1, 1), padding=(1,1))
      (22): ReLU(inplace)
      (23): Conv2d (512, 512, kernel_size=(3, 3), stride=(1, 1), padding=(1,1))
      (24): ReLU(inplace)
      (25): Conv2d (512, 512, kernel_size=(3, 3), stride=(1, 1), padding=(1,1))
      (26): ReLU(inplace)
      (27): MaxPool2d(kernel_size=(2, 2), stride=(2, 2), dilation=(1, 1))
      (28): Conv2d (512, 512, kernel_size=(3, 3), stride=(1, 1), padding=(1,1))
      (29): ReLU(inplace)
      (30): Conv2d (512, 512, kernel_size=(3, 3), stride=(1, 1), padding=(1,1))
      (31): ReLU(inplace)
      (32): Conv2d (512, 512, kernel_size=(3, 3), stride=(1, 1), padding=(1,1))
      (33): ReLU(inplace)
      (34): Conv2d (512, 512, kernel_size=(3, 3), stride=(1, 1), padding=(1,1))
      (35): ReLU(inplace)
      (36): MaxPool2d(kernel_size=(2, 2), stride=(2, 2), dilation=(1, 1)))
```

为了生成艺术作品，必须定义 loss 函数和 optimizer 函数。下一小节将对它们进行初始化。

7.1.6　为网络层创建损失函数

我们已将 loss 函数定义为 PyTorch 层，因而可以直接为不同的风格损失和内容损失创建 loss 层，代码如下：

```
loss_fns = [StyleLoss()] * len(style_layers) + [nn.MSELoss()] *len(content_layers)
```

loss_fns 包含了一批基于创建的数组长度的风格和内容损失对象列表。

7.1.7　创建优化器

通常来讲，要给被训练的网络如 VGG 传入参数。但本例中，我们使用 VGG 模型作为特征提取器，因而不能给 VGG 传入参数。这里只给 opt_img 变量提供参数，我们将优化这个变量来让图片拥有需要的内容和风格。下面的代码创建了对变量值进行优化的 optimizer：

```
optimizer = optim.LBFGS([opt_img]);
```

现在已准备好训练需要的所有组件。

7.1.8 训练

这次的 training 方法和迄今为止其他模型的训练方法都不一样。这里需要在多个层上计算损失值，并且每次调用优化器时，输入图片都会改变，这样它的内容和风格会更靠近目标内容和风格。我们先看一下训练代码，然后再详细解释训练步骤：

```
max_iter = 500
show_iter = 50
n_iter=[0]

while n_iter[0] <= max_iter:

    def closure():
        optimizer.zero_grad()
        out = extract_layers(loss_layers,opt_img,model=vgg)
        layer_losses = [weights[a] * loss_fns[a](A, targets[a]) for a,A in
enumerate(out)]
        loss = sum(layer_losses)
        loss.backward()
        n_iter[0]+=1
        #打印损失值
        if n_iter[0]%show_iter == (show_iter-1):
            print('Iteration: %d, loss: %f'%(n_iter[0]+1, loss.data[0]))

        return loss
    optimizer.step(closure)
```

我们将训练进行 500 次迭代。对于每次迭代，使用 extract_layers 函数计算 VGG 模型不同层的输出。本例中，唯一改变的就是包含了风格图片的 opt_img 变量的值。计算完成后，在所有输出上进行迭代，传入对应的 loss 函数以及各自的目标来计算损失。把所有的损失进行汇总并调用 backward 函数。在 closure 函数最后，返回 loss。closure 方法和 optimizer.step 方法在 max_iter 循环中一起调用。如果在 GPU 上运行，可能需要花费几分钟。如果是 CPU，可以通过降低图像尺寸来加快运行。

运行 500 轮后，在我的机器上看到的结果图片如图 7.4 所示。尝试组合不同的内容和风格将生成非常有趣的图片。

在下一节，我们继续使用深度卷机生成对抗网络（Deep Convolutional Generative Adversarial Network，DCGAN）来生成人脸。

图 7.4

7.2　生成对抗网络（GAN）

GAN 在最近几年变得非常流行，几乎每周都会有 GAN 领域的新进展。它已经成为深度学习最重要的方向之一，研究它的社区也非常活跃。GAN 由 Ian Goodfellow 在 2014 年提出。GAN 通过训练两个神经网络解决了非监督学习问题，这两个互相对抗的网络称为生成（generator）网络和判别（discriminator）网络。在训练过程中，两个网络都最终进化得更好。

GAN 可以借助伪造者（生成网络）和警察（判别网络）的例子来理解。最初，伪造者向警察展示假币，警察识别出币是假的并解释为何是假的，伪造者根据收到的反馈制造了新的假币，如此重复相当多次，直到伪造者可以造出警察无法识别的假币。在 GAN 的场景中，最后得到了可以生成和真实图片非常类似图片的生成网络，以及可以高度识别伪造品的分类器。

GAN 是伪造网络和专家网络的联合，每个网络都被训练来打败对方。生成网络以随机变量为输入并生成一张合成图片。判别网络拿到输入的图片，并判断图片是真实的还是伪造的。我们给判别网络要么传入一张真实图片，要么传入一张伪造图片。

生成网络训练生成图片，欺骗判别网络，让其相信图片是真实的。判别网络也会持续改进，基于得到的反馈进行反欺骗训练。尽管 GAN 的理论听起来很简单，训练 GAN 模型实际上是很困难的。因为有两个需要训练的深度学习网络，因而 GAN 的训练也很有挑战性。

DCGAN 是早期的 GAN 模型之一，它演示了如何构建一个可以通过自己学习生成有意义图片的 GAN 模型。可以从以下链接获取更多信息：
https://arxiv.org/pdf/1511.06434.pdf

图 7.5 所示为 GAN 模型的架构。

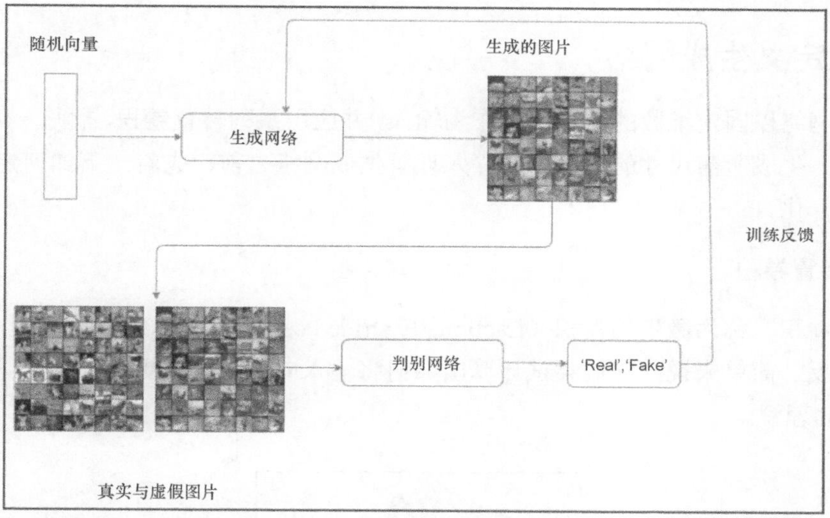

图 7.5

我们将探讨该架构的每一个组件，以及组件背后的原理，然后在下一节用 PyTorch 实现同样的流程。等实现完成时，我们会学习到 DCGAN 如何工作的基本知识。

7.3　深度卷机生成对抗网络

在本节中，我们将基于前面提到的 DCGAN paper I 来实现 GAN 模型的不同部分。训练 DCGAN 的重要部分包括下面这些。

- 生成网络，将某一固定维数的本征向量（数字的列表）映射到某种形状的图片。我们的实现中，形状为（3, 64,64）。
- 判别网络，将判别网络生成的图片或真实数据集中的图片作为输入，映射到可以判别输入图片真伪的分数。

- 定义生成网络和判别网络的损失函数。
- 定义优化器。
- 训练 GAN。

我们将详细讲述这些部分。基于 PyTorch 实例的代码实现，其对应链接为：

```
https://github.com/pytorch/examples/tree/master/dcgan
```

7.3.1　定义生成网络

生成网络以固定维数的随机变量作为输入，并应用系列转置卷积、批归一化和 ReLU 激活函数，生成所需尺寸的图片。在深入理解生成网络之前，先看一下如何定义转置卷积和批规一化。

1．转置卷积

转置卷积又称为微步幅卷积（fractionally strided convolution），它们的工作方式与卷积操作相反。简单来说，它们尝试计算出如何将输入向量映射到更高的维度。可以借助图 7.6 帮助理解。

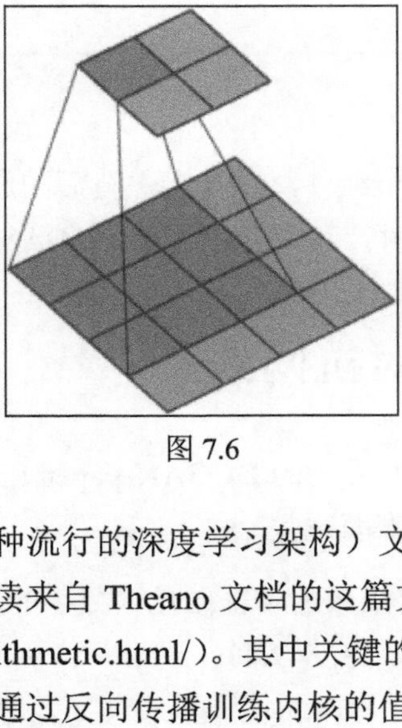

图 7.6

图 7.6 来自 Theano（另一种流行的深度学习架构）文档。如果想了解更多关于步幅卷积如何工作的，强烈建议阅读来自 Theano 文档的这篇文章（http://deeplearning.net/software/theano/tutorial/conv_arithmetic.html/）。其中关键的地方是，它有助于将向量转换成所需维度的张量，我们可以通过反向传播训练内核的值。

2. 批规一化

我们已多次注意到，所有传入机器学习或深度学习算法的特征值都进行了归一化处理，即通过从数据中减去平均值，使得特征值变成以 0 为中心，并通过将数据除以标准差，使数据具有单位标准差。通常可以用 PyTorch 的 `torchvision.Normalize` 方法来实现。下面的代码给出了一个示例：

```
transforms.Normalize((0.5, 0.5, 0.5), (0.5, 0.5, 0.5))
```

在见过的所有例子中，数据都是在进入神经网络之前做的归一化处理，无法确保中间层获得的是归一化的输入。图 7.7 所示为神经网络的中间层获取归一化数据失败的情况。

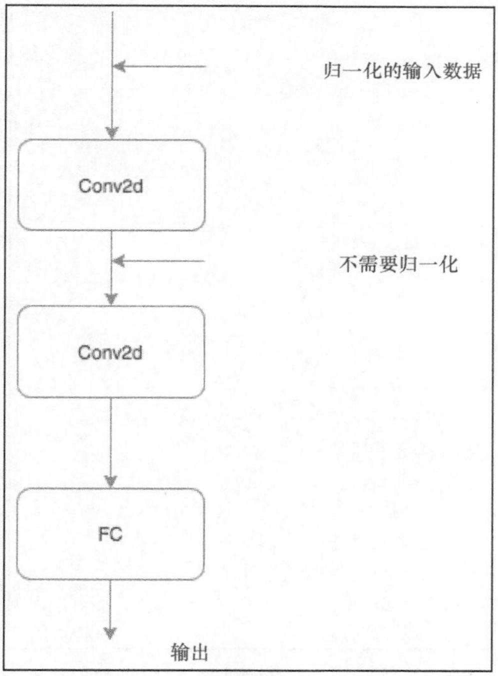

图 7.7

批归一化类似于中间函数，或当均值和方差在训练中随时间变化时用于归一化中间数据的层。批归一化由 Ioffe 和 Szegedy（https://arxiv.org/abs/1502.03167）在 2015 年提出。批归一化在训练、验证和测试期间的表现不同。训练期间，均值和方差在批数据上进行计算。验证和测试期间，使用的是全局值。我们需要了解的是它归一化了中间数据。使用批归一化的主要优点如下：

- 改善网络中的梯度流，有助于构建更深层的网络；
- 允许更高的学习率；
- 降低对初始化的强依赖；
- 作为一种正则化形式，减少了对 dropout 的依赖。

多数的现代架构，如 ResNet 和 Inception，都广泛使用了批归一化。批归一化层在卷积层或线性层（或说全连接层）之后引入，如图 7.8 所示。

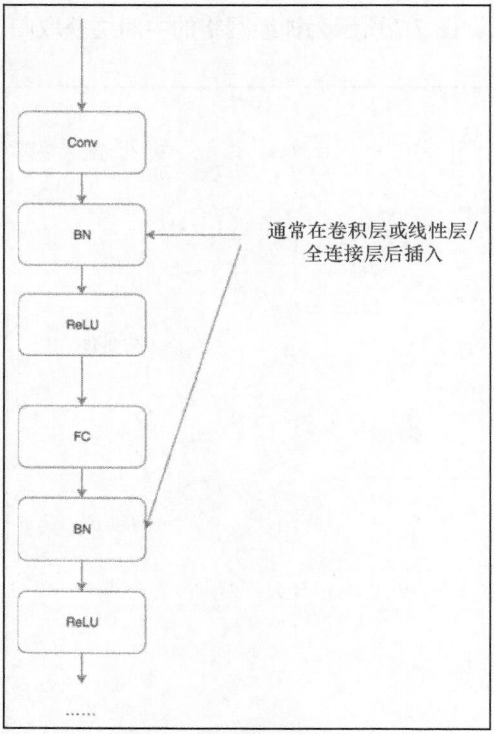

图 7.8

现在为止，我们已经直观理解了生成网络的主要组件。

3. 生成网络

下面快速地看一下生成网络的代码，然后讨论生成网络的关键特征：

```
class Generator(nn.Module):
    def __init__(self):
```

```
        super(Generator, self).__init__()

        self.main = nn.Sequential(
            # 输入是 Z, 进入卷积
            nn.ConvTranspose2d(nz, ngf * 8, 4, 1, 0, bias=False),
            nn.BatchNorm2d(ngf * 8),
            nn.ReLU(True),
            # 状态大小. (ngf*8) x 4 x 4
            nn.ConvTranspose2d(ngf * 8, ngf * 4, 4, 2, 1, bias=False),
            nn.BatchNorm2d(ngf * 4),
            nn.ReLU(True),
            # 状态大小. (ngf*4) x 8 x 8
            nn.ConvTranspose2d(ngf * 4, ngf * 2, 4, 2, 1, bias=False),
            nn.BatchNorm2d(ngf * 2),
            nn.ReLU(True),
            #状态大小. (ngf*2) x 16 x 16
            nn.ConvTranspose2d(ngf * 2, ngf, 4, 2, 1, bias=False),
            nn.BatchNorm2d(ngf),
            nn.ReLU(True),
            #状态大小. (ngf) x 32 x 32
            nn.ConvTranspose2d( ngf, nc, 4, 2, 1, bias=False),
            nn.Tanh()
            #状态大小. (nc) x 64 x 64
        )

    def forward(self, input):
        output = self.main(input)
        return output

netG = Generator()
netG.apply(weights_init)
print(netG)
```

在我们看过的大多代码示例中，都使用了几个不同的层，然后定义了 forward 方法的流向。在生成网络中，我们使用序列模型，在__init__方法中定义网络层和数据流。

模型将大小为 nz 的张量作为输入，然后传入给转置卷积层，将输入映射成需要生成的图片尺寸。forward 函数将输入传递给序列模块并返回输出。

生成网络的最后一层是 tanh 层，它将值域限定到网络可以生成的范围。

我们不使用相同的随机权重，而是使用论文中定义的权重对模型进行初始化。下面是权重的初始化代码：

```
def weights_init(m):
    classname = m.__class__.__name__
    if classname.find('Conv') != -1:
        m.weight.data.normal_(0.0, 0.02)
    elif classname.find('BatchNorm') != -1:
        m.weight.data.normal_(1.0, 0.02)
        m.bias.data.fill_(0)
```

通过将函数传递给生成器对象 netG 来调用 weight 函数。每一层都会传入这个函数，如果是卷积层，初始化权重的方式完全不同，如果是 BatchNorm 层，初始化的方式也略有不同。使用下面的代码在网络对象上调用方法：

```
netG.apply(weights_init)
```

7.3.2　定义判别网络

下面快速看一下判别网络代码，然后讨论判别网络的关键特征：

```
class Discriminator(nn.Module):
    def __init__(self):
        super(_netD, self).__init__()
        self.main = nn.Sequential(
            #输入是 (nc) x 64 x 64
            nn.Conv2d(nc, ndf, 4, 2, 1, bias=False),
            nn.LeakyReLU(0.2, inplace=True),
            #状态大小. (ndf) x 32 x 32
            nn.Conv2d(ndf, ndf * 2, 4, 2, 1, bias=False),
            nn.BatchNorm2d(ndf * 2),
            nn.LeakyReLU(0.2, inplace=True),
            #状态大小. (ndf*2) x 16 x 16
            nn.Conv2d(ndf * 2, ndf * 4, 4, 2, 1, bias=False),
            nn.BatchNorm2d(ndf * 4),
            nn.LeakyReLU(0.2, inplace=True),
            #状态大小. (ndf*4) x 8 x 8
            nn.Conv2d(ndf * 4, ndf * 8, 4, 2, 1, bias=False),
            nn.BatchNorm2d(ndf * 8),
            nn.LeakyReLU(0.2, inplace=True),
            #状态大小. (ndf*8) x 4 x 4
            nn.Conv2d(ndf * 8, 1, 4, 1, 0, bias=False),
            nn.Sigmoid()
        )

    def forward(self, input):
        output = self.main(input)
```

```
        return output.view(-1, 1).squeeze(1)

netD = Discriminator()
netD.apply(weights_init)
print(netD)
```

上述网络中重要的两点是，Leaky ReLU 激活函数的使用，以及最后激活层中 sigmoid 的使用。我们首先了解下什么是 Leaky ReLU。

Leaky ReLU 是对解决无用 ReLU 问题的尝试。当输入为负时，Leaky ReLU 不再返回 0，而是输出一个极小的值，如 0.001。论文表明，使用 Leaky ReLU 可改善判别网络的效率。

另一个重要的不同点是，判别网络的最后不再使用全连接层。通常用全局平均池化层取代最后的全连接层。但使用全局平均池化层降低了收敛速率（构建准确分类器的迭代次数）。最后的卷积层扁平化后传入 sigmoid 层。

除去这两个不同点，网络的其余部分和本书所见的其他图片分类网络类似。

7.3.3 定义损失函数和优化器

我们将定义一个二分交叉熵损失函数和两个优化器，一个用于生成网络，一个用于判别网络，代码如下：

```
criterion = nn.BCELoss()

# 设置优化器
optimizerD = optim.Adam(netD.parameters(), lr, betas=(beta1, 0.999))
optimizerG = optim.Adam(netG.parameters(), lr, betas=(beta1, 0.999))
```

到目前为止，这和前面所见到的例子都很类似。让我们看看如何训练生成网络和判别网络。

7.3.4 训练判别网络

判别网络的损失取决于它在真实图片上的表现和它在生成网络生成的伪造图片上的表现。损失函数可以定义为：

$$loss = maximize\ log(D(x)) + log(1\text{-}D(G(z)))$$

因此，需要使用真实图片和生成网络生成的伪造图片进行训练。

1．使用真实图片训练判别网络

用一些真实图片训练判别网路。

首先看一下实现代码，然后重点探讨其中的关键点：

```
output = netD(inputv)
errD_real = criterion(output, labelv)
errD_real.backward()
```

在上述代码中，计算了判别图片需要的损失和梯度。inputv 和 labelv 表示来自 CIFAR10 数据集和标签的真实的输入图片。很明显，这和另一个分类器网络完全类似。

2．使用伪造图片训练判别网络

现在传入一些随机图片来训练判别网络。

先看一下代码，然后重点探讨其中的关键点：

```
fake = netG(noisev)
output = netD(fake.detach())
errD_fake = criterion(output, labelv)
errD_fake.backward()
optimizerD.step()
```

第一行代码传入大小为 100 的变量，生成网络（netG）生成了一张图片。我们把图片传给判别网络，让判别网络识别图片的真伪。我们不想判别网络正在训练时，让生成网络也得到训练。因而，通过在变量上调用 detach 方法从图形中删除伪造图片。所有的梯度计算完成后，再调用 optimizer 训练判别网络。

7.3.5　训练生成网络

先看一下相关的实现代码，然后重点探讨其中的关键点：

```
netG.zero_grad()
labelv = Variable(label.fill_(real_label)) # fake labels are real for
generator cost
output = netD(fake)
errG = criterion(output, labelv)
errG.backward()
optimizerG.step()
```

除了几个关键的不同，这和在伪造图片上训练判别网络时的代码类似。我们照样传入生成网络生成的相同伪造图片，但这一次不再从生成它的图形中删除它，因为我们希望生成网络得到训练。计算损失（errG）和梯度，然后调用生成网络的优化器，由于我们只想让生成网络得到训练，在生成网络生成略微真实的图片之前，把整个过程重复几次迭代。

7.3.6 训练整个网络

我们看过了 GAN 的各部分是如何训练的。现在将其进行如下汇总，并查看用于训练所创建的 GAN 网络的全部代码：

- 使用真实图片训练判别网络；
- 使用伪造图片训练判别网络；
- 优化判别网络；
- 基于判别网络的反馈训练生成网络；
- 单独优化生成网络。

用下面的代码训练网络：

```
for epoch in range(niter):
    for i, data in enumerate(dataloader, 0):
        ############################
        # (1) 更新判别网络：最大化 log(D(x)) + log(1 - D(G(z)))
        ###########################
        #使用真实图片训练
        netD.zero_grad()
        real, _ = data
        batch_size = real.size(0)
        if torch.cuda.is_available():
            real = real.cuda()
        input.resize_as_(real).copy_(real)
        label.resize_(batch_size).fill_(real_label)
        inputv = Variable(input)
        labelv = Variable(label)

        output = netD(inputv)
        errD_real = criterion(output, labelv)
        errD_real.backward()
        D_x = output.data.mean()

        #使用伪造图片训练
        noise.resize_(batch_size, nz, 1, 1).normal_(0, 1)
```

```
        noisev = Variable(noise)
        fake = netG(noisev)
        labelv = Variable(label.fill_(fake_label))
        output = netD(fake.detach())
        errD_fake = criterion(output, labelv)
        errD_fake.backward()
        D_G_z1 = output.data.mean()
        errD = errD_real + errD_fake
        optimizerD.step()

        ############################
        # (2) 更新生成网络：最大化 log(D(G(z)))
        ###########################
        netG.zero_grad()
        labelv = Variable(label.fill_(real_label)) #伪造标记对生成网络的开销是真实的
        output = netD(fake)
        errG = criterion(output, labelv)
        errG.backward()
        D_G_z2 = output.data.mean()
        optimizerG.step()

        print('[%d/%d][%d/%d] Loss_D: %.4f Loss_G: %.4f D(x): %.4f D(G(z)):
%.4f / %.4f'
            % (epoch, niter, i, len(dataloader),
                errD.data[0], errG.data[0], D_x, D_G_z1, D_G_z2))
        if i % 100 == 0:
            vutils.save_image(real_cpu,
                    '%s/real_samples.png' % outf,
                    normalize=True)
            fake = netG(fixed_noise)
            vutils.save_image(fake.data,
                    '%s/fake_samples_epoch_%03d.png' % (outf, epoch),
                    normalize=True)
```

vutils.save_image 将接受一个张量并保存为图片。如果提供的是小批量的图片，就保存为图片网格。

下面几节将看一下生成图片和真实图片的样子。

7.3.7 检验生成的图片

现在比较一下真实的图片和生成的图片。

生成的图片如图 7.9 所示。

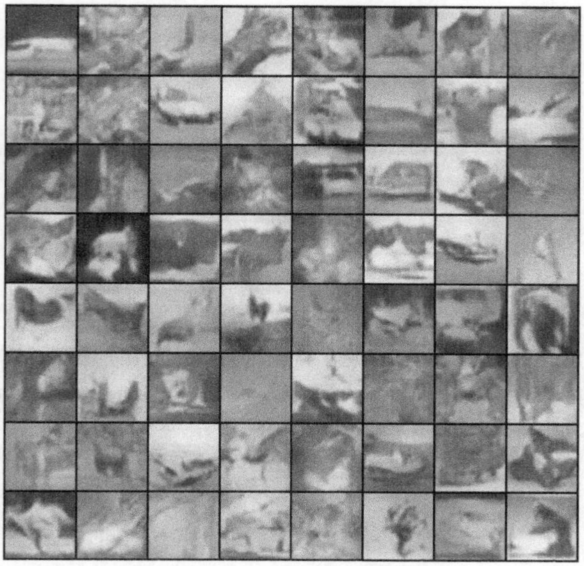

图 7.9

真实的图片如图 7.10 所示。

图 7.10

比较这两组图片，就会发现 GAN 可以学习如何生成图片。除了训练生成新图片外，还有一个可用于分类问题的判别网络。判别网络学习图片的重要特征，在只有有限数量的标签数据可用时，这些特征可用于分类任务。当标签数据有限时，可以训练 GAN，为我们提供一个用于提取特征的分类器，分类器模型可以基于此构建。

在下一节，我们将训练可以生成文本的深度学习算法。

7.4 语言建模

本节将学习如何教会循环神经网络（Recurrent Neural Network，RNN）创建文本序列。简单来讲，我们要构建的 RNN 模型将能根据给定的上下文预测下一个词。这和手机上的 Swift 应用很像，能够猜测用户输入的下一个单词。生成序列化数据这一能力在多个不同的领域都有应用，如：

- 图像标注；
- 语音识别；
- 语言翻译；
- 自动回复邮件。

第 6 章讲到，RNN 很难训练。因而，我们将使用长短期记忆网络（LSTM），它是 RNN 的变体。LSTM 算法开始于 1997 年，但在最近几年才开始流行。LSTM 的流行得益于强大的硬件能力和高质量的数据，以及一些可以帮助 LSTM 训练得更好的技术（如 dropout）的发展。

使用 LSTM 模型生成字符级语言模型或词级语言模型是非常流行的。在字符集语言建模中，我们给出一个字符，然后训练 LSTM 模型预测下一个字符，而在词级语言建模中，我们给出一个词，LSTM 模型预测下一词。本节中，我们将使用 PyTorch 的 LSTM 模型构建一个词级的语言模型。与训练其他模块一样，我们将遵循以下步骤。

- 准备数据。
- 生成批数据。
- 定义基于 LSTM 的模型。
- 训练模型。
- 测试模型。

本节的灵感来自于 PyTorch 实现的一个词级语言建模的简化版，可参见 https://github.com/pytorch/examples/tree/master/word_language_model。

7.4.1 准备数据

本例将使用名为 WikiText2 的数据集。WikiText language modeling 数据集是从维基百科上一组经过验证的优秀和有特色的文章中提取的 1 亿多个单词的集合。与另一种常用的数据集宾州树库（Penn Treebank，PTB）预处理版本相比，WikiText2 大了两倍多。WikiText 数据集也有一个更大的词汇表，并保留原来的大小写、标点符号和数字。数据集包含完整的文章，因此它非常适合于利用长期依赖关系的模型。

数据集是在一篇名为 *Pointer Sentinel Mixture Models*（https: /arxiv.org/abs/1609.07843）的论文中介绍的。论文讨论了用于解决特定问题的方案，使用 softmax 层的 LSTM 在预测稀有单词上存在困难，但上下文尚不清楚。我们暂时不要担心这一点，因为它是一个高级的概念，超出了本书的范围。

图 7.11 所示为 WikiText 转储中的数据是什么样子的。

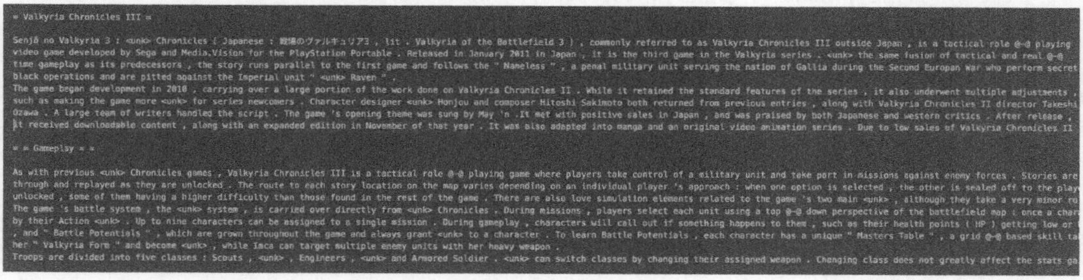

= Valkyria Chronicles III =

Senjō no Valkyria 3 : <unk> Chronicles (Japanese : 戦場のヴァルキュリア3 , lit . Valkyria of the Battlefield 3) , commonly referred to as Valkyria Chronicles III outside Japan , is a tactical role @-@ playing
video game developed by Sega and Media.Vision for the PlayStation Portable . Released in January 2011 in Japan , it is the third game in the Valkyria series . <unk> the same fusion of tactical and real @-@
time gameplay as its predecessors , the story runs parallel to the first game and follows the " Nameless " , a penal military unit serving the nation of Gallia during the Second Europan War who perform secret
black operations and are pitted against the Imperial unit " <unk> Raven " .
The game began development in 2010 , carrying over a large portion of the work done on Valkyria Chronicles II . While it retained the standard features of the series , it also underwent multiple adjustments ,
such as making the game more <unk> for series newcomers . Character designer <unk> Honjou and composer Hitoshi Sakimoto both returned from previous entries , along with Valkyria Chronicles II director Takeshi
Ozawa . A large team of writers handled the script . The game 's opening theme was sung by May 'n .It met with positive sales in Japan , and was praised by both Japanese and western critics . After release ,
it received downloadable content , along with an expanded edition in November of that year . It was also adapted into manga and an original video animation series . Due to low sales of Valkyria Chronicles II

= = Gameplay = =

As with previous <unk> Chronicles games , Valkyria Chronicles III is a tactical role @-@ playing game where players take control of a military unit and take part in missions against enemy forces . Stories are
through and replayed as they are unlocked . The route to each story location on the map varies depending on an individual player 's approach : when one option is selected , the other is sealed off to the play
unlocked , some of them having a higher difficulty than those found in the rest of the game . There are also love simulation elements related to the game 's two main <unk> , although they take a very minor ro
The game 's battle system , the <unk> system , is carried over directly from <unk> Chronicles . During missions , players select each unit using a top @-@ down perspective of the battlefield map : once a char
by their Action <unk> . Up to nine characters can be assigned to a single mission . During gameplay , characters will call out if something happens to them , such as their health points (HP) getting low or
, and " Battle Potentials " , which are grown throughout the game and always grant <unk> to a character . To learn Battle Potentials , each character has a unique " Masters Table " , a grid @-@ based skill ta
her " Valkyria Form " and become <unk> , while Imca can target multiple enemy units with her heavy weapon .
Troops are divided into five classes : Scouts , <unk> , Engineers , <unk> and Armored Soldier . <unk> can switch classes by changing their assigned weapon . Changing class does not greatly affect the stats ga

图 7.11

如往常一样，torchtext 通过提供下载和读取的抽象使得使用数据集更加容易。我们看一下实现代码：

```
TEXT = d.Field(lower=True, batch_first=True)
train, valid, test = datasets.WikiText2.splits(TEXT,root='data')
```

上述代码下载 WikiText2 数据，并划分成 train、valid 和 test 数据集。语言建模的关键不同在于数据是如何处理的。所有 WikiText2 的文本数据存储在一个长的张量里。我们看一下下面的代码及其结果，以了解数据怎么才能处理得更好：

```
print(len(train[0].text))
```

```
#输出
2088628
```

从前面的结果可以看出，我们只有一个样例字段，它包含了所有文本。让我们快速看一下文本是如何表示的：

```
print(train[0].text[:100])
```

```
#前 100 个标记的结果

'<eos>', '=', 'valkyria', 'chronicles', 'iii', '=', '<eos>', '<eos>',
'senjō', 'no', 'valkyria', '3', ':', '<unk>', 'chronicles', '(', 'japanese',
':', '3', ',', 'lit', '.', 'valkyria', 'of', 'the', 'battlefield', '3',
')', ',', 'commonly', 'referred', 'to', 'as', 'valkyria', 'chronicles',
'iii', 'outside', 'japan', ',', 'is', 'a', 'tactical', 'role', '@-@',
'playing', 'video', 'game', 'developed', 'by', 'sega', 'and',
'media.vision', 'for', 'the', 'playstation', 'portable', '.', 'released',
'in', 'january', '2011', 'in', 'japan', ',', 'it', 'is', 'the', 'third',
'game', 'in', 'the', 'valkyria', 'series', '.', '<unk>', 'the', 'same',
'fusion', 'of', 'tactical', 'and', 'real', '@-@', 'time', 'gameplay', 'as',
'its', 'predecessors', ',', 'the', 'story', 'runs', 'parallel', 'to',
'the', 'first', 'game', 'and', 'follows', 'the'
```

现在，快速看一下显示初始文本的图片，以及它是如何标记的。现在有了一个表示 WikiText2 且长度为 2088628 的长序列。下一件重要的事情是如何对数据分批。

7.4.2　生成批数据

让我们看一下代码，并了解序列化数据的批处理涉及的两个关键点：

```
train_iter, valid_iter, test_iter = data.BPTTIterator.splits(
      (train, valid, test), batch_size=20, bptt_len=35, device=0)
```

这个方法有两个重要的参数，一个是 batch_size，另一个是 bptt_len，称为时延反向传播。它简单概括了数据在每个阶段是如何转换的。

1．批

将整个数据作为序列处理是很有挑战性的，而且计算效率不高。因此，我们将序列数据分解为多个批，并将每个批作为一个单独的序列。虽然听起来并不简单，但它的工作效果要好得多，因为模型可以更快地从批量数据中学习。让我们以英语字母排序为例，将其分成几个批次。

序列: a, b, c, d, e, f, g, h, i, j, k, l, m, n, o, p, q, r, s, t, u, v, w, x, y, z.

当将前面的字母序列转换成 4 批时，得到的是：

a g m s y

b h n t z

c i o u

d j p

e k q w

f l r x

在大多数情况下，我们会裁剪最后形成的批尺寸较小的额外单词或标记，因为它们对文本建模没有太大的影响。

例如，当将 `WikiText2` 分成 20 批时，每批会包含 104431 个元素。

2. 时延反向传播

另一个流经迭代器的重要变量是时延反向传播（BackPropagation Through Time，BPTT）。它实际上表示的是模型需要记住的序列长度。数量越多，效果就越好，但是模型的复杂性和模型所需的 GPU 内存也会增加。

为了更好地理解，让我们看看如何将前面的批字母数据分割成长度为 2 的序列：

a g m s

b h n t

上面的示例将作为输入传递给模型，输出来自序列，但包含了下面的值：

b h n t

c I o u

例如对 `WikiText 2`，当拆分批数据时，可以得到每批大小为（30,20）的数据，其中 30 是序列长度。

7.4.3 定义基于 LSTM 的模型

我们定义的模型和第 6 章中看到的网络有些类似，但有几个关键的不同点。网络的高层架构如图 7.12 所示。

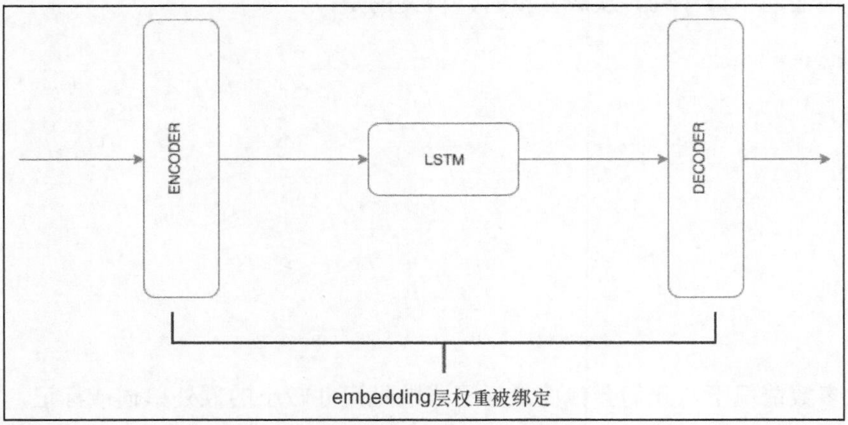

图 7.12

与前面一样，先查看代码，然后探讨代码的关键部分：

```
class RNNModel(nn.Module):
    def
__init__(self,ntoken,ninp,nhid,nlayers,dropout=0.5,tie_weights=False):
        #ntoken 表示词表中的单词或标记数量
        #ninp 表示每个词的嵌入维度，它是 LSTM 的输入
        #nlayer 表示 LSTM 需要使用的层数
        #dropout 避免过拟合
        #tie_weights - 编码器和解码器使用相同权重
        super().__init__()
        self.drop = nn.Dropout()
        self.encoder = nn.Embedding(ntoken,ninp)
        self.rnn = nn.LSTM(ninp,nhid,nlayers,dropout=dropout)
        self.decoder = nn.Linear(nhid,ntoken)
        if tie_weights:
            self.decoder.weight = self.encoder.weight
        self.init_weights()
        self.nhid = nhid
        self.nlayers = nlayers
    def init_weights(self):
        initrange = 0.1
        self.encoder.weight.data.uniform_(-initrange,initrange)
        self.decoder.bias.data.fill_(0)
        self.decoder.weight.data.uniform_(-initrange,initrange)
    def forward(self,input,hidden):
```

```
        emb = self.drop(self.encoder(input))
        output,hidden = self.rnn(emb,hidden)
        output = self.drop(output)
        s = output.size()
        decoded = self.decoder(output.view(s[0]*s[1],s[2]))
        return decoded.view(s[0],s[1],decoded.size(1)),hidden
    def init_hidden(self,bsz):
        weight = next(self.parameters()).data

        return
    (Variable(weight.new(self.nlayers,bsz,self.nhid).zero_()),Variable
(weight.new(self.nlayers,bsz,self.nhid).zero_()))
```

在`__init__`方法中，创建了所有的层，如 embedding、dropout、RNN 和 decoder。在早期的语言模型中，embedding 通常不用在最后一层。embedding 层的使用，以及尝试将初始的 embedding 层和最后输出层的 embedding 结合起来，提高了语言模型的准确度。这一概念在 2016 年由 Press 和 Wolf 在论文 *Using the Output Embedding to Improve Language Models* 中提出，同年 Inan 及其共同作者也在论文 *Tying Word Vectors and Word Classifiers: A Loss Framework for Language Modeling* 中提出了同样的概念。在绑定了编码器和解码器的权重后，调用`init_weights`方法来初始化层的权重。

`forward`函数将所有层缝合在一起。最后一个线性层将 LSTM 层所有输出的激活函数映射到词表大小的 embedding 层。`forward`函数的输入流先是输入 embedding 层，然后传入 RNN（本例中为 LSTM），之后传入另一线性层 decoder。

7.4.4 定义训练和评估函数

模型的训练非常类似于本书前面出现的所有例子。我们需要作出几个重要修改，让模型能更好地工作。下面看一下代码和它的关键部分：

```
criterion = nn.CrossEntropyLoss()

def trainf():
    # 打开启用 dropout 的训练模式
    lstm.train()
    total_loss = 0
    start_time = time.time()
    hidden = lstm.init_hidden(batch_size)
    for i,batch in enumerate(train_iter):
        data, targets = batch.text,batch.target.view(-1)
        #每批开始时，解绑之前生成的隐藏状态
```

```
        #否则，模型将尝试反向传播，直至数据集的开始
        hidden = repackage_hidden(hidden)
        lstm.zero_grad()
        output, hidden = lstm(data, hidden)
        loss = criterion(output.view(-1, ntokens), targets)
        loss.backward()

        # `clip_grad_norm` 有助于阻止 RNN 或 LSTM 中的梯度爆炸问题
        torch.nn.utils.clip_grad_norm(lstm.parameters(), clip)
        for p in lstm.parameters():
            p.data.add_(-lr, p.grad.data)

        total_loss += loss.data

        if i % log_interval == 0 and i > 0:
            cur_loss = total_loss[0] / log_interval
            elapsed = time.time() - start_time
            (print('| epoch {:3d} | {:5d}/{:5d} batches | lr {:02.2f} |
ms/batch {:5.2f} | loss {:5.2f} | ppl{:8.2f}'.format(epoch, i,len(train_iter),
lr,elapsed * 1000 / log_interval, cur_loss, math.exp(cur_loss))))
            total_loss = 0
            start_time = time.time()
```

因为在模型中使用了 dropout，所以需要在训练、验证和测试数据集上以不同的方式使用。调用模型的 `train()` 方法将确保训练过程中 dropout 是激活的，调用模型的 `eval()` 方法将确保 dropout 的不同使用：

```
lstm.train()
```

对于 LSTM 模型，需将隐藏变量和输入一起传入。`init_hidden` 方法将 batch size（批尺寸）作为输入，并返回一个可随输入一起使用的隐藏变量。可以在训练数据上进行迭代并将输入数据传递给模型。因为处理的是序列化数据，每次迭代以随机初始化的隐藏状态开始并不合理。因而，通过调用 `detach` 方法将隐藏状态从图形中删除之后，再使用上一次迭代中的隐藏状态。如果不调用 `detach` 方法，最后计算的就是一个非常长的序列，直至 GPU 内存被耗光。

然后将输入传给 LSTM 模型，并使用 `CrossEntropyLoss` 计算损失值。使用隐藏状态之前的值是在下面的 `repackage_hidden` 函数中实现的：

```
def repackage_hidden(h):
    """把隐藏状态封装到新的变量中，以把它们从历史中解除。"""
    if type(h) == Variable:
```

```
        return Variable(h.data)
    else:
        return tuple(repackage_hidden(v) for v in h)
```

RNN 网络及其变体，如 LSTM 和门控循环单元（Gated Recurrent Unit ，GRU），都会遇到梯度爆炸的问题。避免这一问题的简单方式是使用如下代码对梯度进行裁剪：

```
torch.nn.utils.clip_grad_norm(lstm.parameters(), clip)
```

用下面的代码手动调整参数值。使用人工实现的优化器比预置的优化器有更多的灵活性：

```
for p in lstm.parameters():
    p.data.add_(-lr, p.grad.data)
```

在所有参数上进行迭代，并把所有的梯度值乘上学习率后相加。更新所有参数后，记录时间、损失和复杂度这些统计值。

我们为验证编写了类似的函数，在模型上调用了 eval 方法。evaluate 函数使用下面的代码定义：

```
def evaluate(data_source):
    #打开禁用 dropout 的 evaluation 模式
    lstm.eval()
    total_loss = 0
    hidden = lstm.init_hidden(batch_size)
    for batch in data_source:
        data, targets = batch.text,batch.target.view(-1)
        output, hidden = lstm(data, hidden)
        output_flat = output.view(-1, ntokens)
        total_loss += len(data) * criterion(output_flat, targets).data
        hidden = repackage_hidden(hidden)
    return total_loss[0]/(len(data_source.dataset[0].text)//batch_size)
```

训练和验证的逻辑大部分都是类似的，除了调用 eval 方法以及不更新模型参数之外。

7.4.5 训练模型

将模型训练多轮，并使用下面的代码验证模型：

```
#循环 epochs 次
best_val_loss = None
epochs = 40
```

```
for epoch in range(1, epochs+1):
    epoch_start_time = time.time()
    trainf()
    val_loss = evaluate(valid_iter)
    print('-' * 89)
    print('| end of epoch {:3d} | time: {:5.2f}s | valid loss {:5.2f} | '
        'valid ppl {:8.2f}'.format(epoch, (time.time() - epoch_start_time),
                                   val_loss, math.exp(val_loss)))
    print('-' * 89)
    if not best_val_loss or val_loss < best_val_loss:
        best_val_loss = val_loss
    else:
        #如果在验证数据集中没有看到任何改进，则降低学习率。
        lr /= 4.0
```

上述代码将模型训练了 40 轮，我们以较高的学习率 20 开始，当验证集上的损失饱和时逐渐降低学习率。将模型运行 40 轮后，其 `ppl` 分数大约为 108.45。下面的代码块包含了模型最后运行的日志：

```
-----------------------------------------------------------------------------
--------------
| end of epoch  39 | time: 34.16s | valid loss 4.70 | valid ppl  110.01
-----------------------------------------------------------------------------
--------------
| epoch 40 |    200/ 3481 batches | lr 0.31 | ms/batch 11.47 | loss 4.77 |
ppl 117.40
| epoch 40 |    400/ 3481 batches | lr 0.31 | ms/batch  9.56 | loss 4.81 |
ppl 122.19
| epoch 40 |    600/ 3481 batches | lr 0.31 | ms/batch  9.43 | loss 4.73 |
ppl 113.08
| epoch 40 |    800/ 3481 batches | lr 0.31 | ms/batch  9.48 | loss 4.65 |
ppl 104.77
| epoch 40 |   1000/ 3481 batches | lr 0.31 | ms/batch  9.42 | loss 4.76 |
ppl 116.42
| epoch 40 |   1200/ 3481 batches | lr 0.31 | ms/batch  9.55 | loss 4.70 |
ppl 109.77
| epoch 40 |   1400/ 3481 batches | lr 0.31 | ms/batch  9.41 | loss 4.74 |
ppl 114.61
| epoch 40 |   1600/ 3481 batches | lr 0.31 | ms/batch  9.47 | loss 4.77 |
ppl 117.65
| epoch 40 |   1800/ 3481 batches | lr 0.31 | ms/batch  9.46 | loss 4.77 |
ppl 118.42
| epoch 40 |   2000/ 3481 batches | lr 0.31 | ms/batch  9.44 | loss 4.76 |
ppl 116.31
```

```
| epoch 40 |    2200/ 3481 batches | lr 0.31 | ms/batch  9.46 | loss 4.77 |
ppl 117.52
| epoch 40 |    2400/ 3481 batches | lr 0.31 | ms/batch  9.43 | loss 4.74 |
ppl 114.06
| epoch 40 |    2600/ 3481 batches | lr 0.31 | ms/batch  9.44 | loss 4.62 |
ppl 101.72
| epoch 40 |    2800/ 3481 batches | lr 0.31 | ms/batch  9.44 | loss 4.69 |
ppl 109.30
| epoch 40 |    3000/ 3481 batches | lr 0.31 | ms/batch  9.47 | loss 4.71 |
ppl 111.51
| epoch 40 |    3200/ 3481 batches | lr 0.31 | ms/batch  9.43 | loss 4.70 |
ppl 109.65
| epoch 40 |    3400/ 3481 batches | lr 0.31 | ms/batch  9.51 | loss 4.63 |
ppl 102.43
val loss 4.686332647950745
-----------------------------------------------------------------------------
--------------
| end of epoch  40 | time: 34.50s | valid loss  4.69 | valid ppl  108.45
-----------------------------------------------------------------------------
--------------
```

过去的几个月中，为了创建预训练的词向量，研究人员开始探索使用前述的方法创建语言模型。如果大家对这个方法感兴趣，强烈建议大家阅读 Jeremy Howard 和 Sebastian Ruder 写的论文 *Fine-tuned Language Models for Text Classification*，该论文详细阐述了语言建模技术如何用于准备特定领域的词向量，这些技术可用于不同的 NLP 任务，比如文本分类问题。

7.5 小结

本章讲述了如何训练使用生成网络来生成风格迁移的深度学习算法，以及使用 GAN 和 DCGAN 生成新图片和使用 LSTM 网络生成文本的深度学习算法。

下一章将讲述一些现代架构，如用于构建更好的计算机视觉模型的 ResNet 和 Inception，以及可用于语言翻译和图像标注的序列到序列模型。

第 8 章
现代网络架构

上一章讨论了深度学习算法如何用于创建艺术图片、基于现有数据集创建新图片以及生成文本。本章将介绍不同的网络架构，这些架构可用于计算机视觉和自然语言处理系统。本章将要讲解的网络架构包括：

- ResNet；
- Inception；
- DenseNet；
- encoder-decoder 架构。

8.1 现代网络架构

当深度学习模型学习失败时，我们做的最重要的操作之一就是给模型添加更多的层。随着层数的增加，模型的准确率得到提升，然后会达到饱和；这时再增加更多的层，准确率会开始下降。在到达一定深度后加入更多层，会相应增加挑战性，如梯度消失或爆炸问题，其中一部分可以通过仔细初始化权重和引入中间的正则化层解决。现代架构，如残差网络（Residual Network，ResNet）和 Inception，试图通过引入不同的技术来解决这些问题，如残差连接。

8.1.1 ResNet

ResNet 通过增加捷径连接（shortcut connection），显式地让网络中的层拟合残差映射（residual mapping）。图 8.1 所示为 ResNet 是如何工作的。

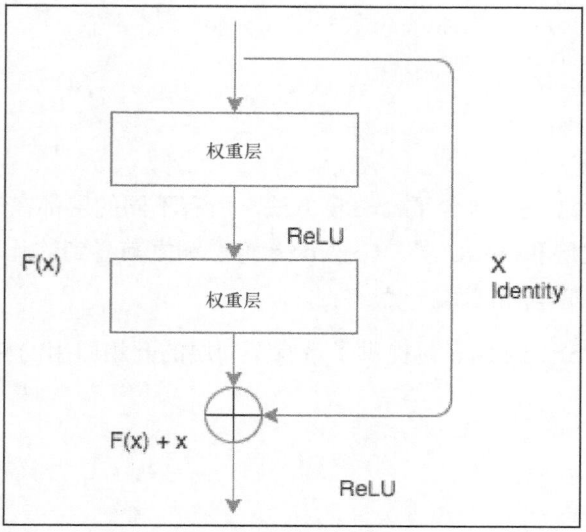

图 8.1

在我们见过的所有网络中，都试图通过堆叠不同的层找到可将输入(x)映射为输出(H(x))的函数。ResNet 的作者提出了修正方案，不再尝试学习 x 到 H(x)的潜在映射，而是学习两者之间的不同，或说残差（residual）。然后，为了计算 H(x)，可将残差加到输入上。假设残差是 F(x) = H(x) - x，我们将尝试学习 F(x)+ x，而不是直接学习 H(x)。

每个 ResNet 块都包含一系列层，捷径连接把块的输入加到块的输出上。由于加操作是在元素级别执行的，所以输入和输出的大小要一致。如果它们的大小不同，我们可以采用填充的方式。下面的代码演示了一个简单的 ResNet 块：

```
class ResNetBasicBlock(nn.Module):
    def __init__(self,in_channels,out_channels,stride):
        super().__init__()
        self.conv1 =
nn.Conv2d(in_channels,out_channels,kernel_size=3,stride=stride,padding=1,bi
as=False)
        self.bn1 = nn.BatchNorm2d(out_channels)
        self.conv2 =
nn.Conv2d(out_channels,out_channels,kernel_size=3,stride=stride,padding=1,bi
as=False)
        self.bn2 = nn.BatchNorm2d(out_channels)
        self.stride = stride
    def forward(self,x):
        residual = x
        out = self.conv1(x)
```

```
        out = F.relu(self.bn1(out),inplace=True)
        out = self.conv2(out)
        out = self.bn2(out)
        out += residual
        return F.relu(out)
```

ResNetBasicBlock 包含了 init 方法，所有不同的层都在这个方法中初始化，如卷积层、批归一化层和 ReLU 层。forward 方法和之前看到的几乎相同，除了在返回前会把输入加回到层的输出上这一点。

PyTorch 的 torchvision 包提供了带有不同层的开箱即用的 ResNet 模型。一些可用的不同模型如下：

- ResNet-18
- ResNet-34
- ResNet-50
- ResNet-101
- ResNet-152

我们也可以使用任意上述模型进行迁移学习。torchvision 实例使我们可以简单创建并使用上面的模型。我们在本书中已经用过几次了，下面的代码是为上述模型更新过的：

```
from torchvision.models import resnet18

resnet = resnet18(pretrained=False)
```

图 8.2 所示为一个 34 层的 ResNet 模型。

可以看出网络包含了多个 ResNet 块，有团队曾尝试将模型深度加深至 1000 层。对于大多数真实用例，个人建议是从小一些的网络开始。这些现代网络的另一关键好处是，与其他的模型如 VGG 相比，需要的参数非常少，因为它们不会用到需要大量训练参数的全连接层。另一个用于解决计算机视觉领域问题的流行架构是 Inception。在讲解 Inception 架构前，我们先在 Dogs vs. Cats 数据集上训练一个 ResNet 模型。我们将使用第 5 章中的数据，基于 ResNet 计算出的特征快速训练模型。与之前一样，采用下面的骤训练模型。

- 创建 PyTorch 数据集。
- 为训练和验证集创建加载器。

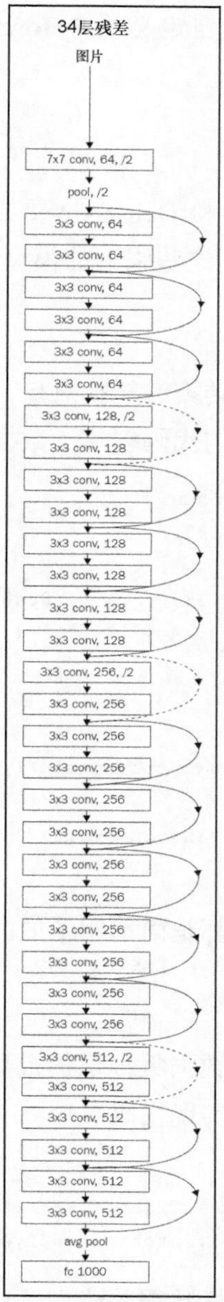

图 8.2　34 层的 ResNet 模型

- 创建 ResNet 模型。
- 提取卷积特征。

- 为预卷积特征和加载器创建自定义的 PyTorch 数据集类。
- 创建简单线性模型。
- 训练和验证模型。

在完成后，就可以为 Inception 和 DenseNet 重复使用这些步骤。最后，我们将探讨集成（ensembling）技术，即如何把这些强大的模型组合起来构建成一个新模型。

1. 创建 PyTorch 数据集

创建一个包含所有需要的基本转换的转换对象，并使用 ImageFolder 加载第 5 章中创建的数据目录中的图片。下面的代码创建了数据集：

```
data_transform = transforms.Compose([
        transforms.Resize((299,299)),
        transforms.ToTensor(),
        transforms.Normalize([0.485, 0.456, 0.406], [0.229, 0.224, 0.225])
    ])

#加载 Dogs vs. Cats 数据集
train_dset =
ImageFolder('../../chapter5/dogsandcats/train/',transform=data_transform)
val_dset =
ImageFolder('../../chapter5/dogsandcats/valid/',transform=data_transform)
classes=2
```

现在为止，上述代码的大部分都是简单明了的。

2. 为训练和验证集创建加载器

使用 PyTorch 的加载器来加载数据集提供的批数据，这样做的好处包括混洗数据、使用多线程来加速过程等。下面是实现代码：

```
train_loader =
DataLoader(train_dset,batch_size=32,shuffle=False,num_workers=3)
val_loader = DataLoader(val_dset,batch_size=32,shuffle=False,num_workers=3)
```

在计算预卷积特征时，要维护好数据的确切顺序。当允许混洗数据时，就没办法维护标签了。因而，请确保 shuffle 为 False，否则就要在代码内部处理必要的逻辑。

3. 创建 ResNet 模型

使用 resnet34 预训练模型的层，在丢弃最后的线性层后，我们创建了 PyTorch 的序列模型。我们将使用该预训练模型从图片中提取特征。实现代码如下：

```
#创建 ResNet 模型
my_resnet = resnet34(pretrained=True)

if is_cuda:
    my_resnet = my_resnet.cuda()

my_resnet = nn.Sequential(*list(my_resnet.children())[:-1])

for p in my_resnet.parameters():
    p.requires_grad = False
```

在上述代码中，创建了 torchvision 模型组中的 resnet34 模型。下面的代码中，除了最后一层外，我们使用了所有的 ResNet 网络层，并使用 nn.Sequential 创建了一个新模型：

```
for p in my_resnet.parameters():
    p.requires_grad = False
```

nn.Sequential 实例允许使用 PyTorch 的层快速创建模型。模型创建后，不要忘记将 requires_grad 参数的值设为 False，这将允许 PyTorch 无须维护用于保存梯度的任何空间。

4. 提取卷积特征

我们通过模型来传递训练和验证数据加载器中的数据，并将模型的结果存储在列表中，供后续计算使用。通过计算预卷积的特征，可以节省大量的模型训练时间，原因是我们无须在每一次迭代中计算这些特征。在下述代码中，将计算预卷积的特征：

```
#处理训练数据

#保存训练数据的标签
trn_labels = []

#保存训练数据的预卷积特征
trn_features = []

#在训练数据上迭代，并保存计算出的特征和标签
for d,la in train_loader:
    o = m(Variable(d.cuda()))
    o = o.view(o.size(0),-1)
    trn_labels.extend(la)
```

```
    trn_features.extend(o.cpu().data)

#处理验证数据

#在验证数据上迭代，并保存计算出的特征和标签
val_labels = []
val_features = []
for d,la in val_loader:
    o = m(Variable(d.cuda()))
    o = o.view(o.size(0),-1)
    val_labels.extend(la)
    val_features.extend(o.cpu().data)
```

计算出预卷积特征后，需要创建可以从预卷积特征中选取数据的自定义数据集。让我们为预卷积特征创建数据集和加载器。

5. 为预卷积特征和加载器创建自定义的 PyTorch 数据集类

我们已经知道如何创建 PyTorch 数据集，它应是 `torch.utils.data` 数据集类的子类，并实现`__getitem__(self,index)`方法和返回数据集中数据长度的`__len__(self)`方法。下面的代码为预训练特征实现了自定了数据集：

```
class FeaturesDataset(Dataset):
    def __init__(self,featlst,labellst):
        self.featlst = featlst
        self.labellst = labellst
    def __getitem__(self,index):
        return (self.featlst[index],self.labellst[index])
    def __len__(self):
        return len(self.labellst)
```

自定义数据集类创建后，为预训练特征创建数据加载器就很简单了，如下面的代码所示：

```
#为训练和验证创建数据集
trn_feat_dset = FeaturesDataset(trn_features,trn_labels)
val_feat_dset = FeaturesDataset(val_features,val_labels)

#为训练和验证创建数据加载器
trn_feat_loader = DataLoader(trn_feat_dset,batch_size=64,shuffle=True)
val_feat_loader = DataLoader(val_feat_dset,batch_size=64)
```

现在要创建一个简单的线性模型，以将预卷积特征映射到对应的分类。

6. 创建简单线性模型

创建一个简单线性模型，将预卷积特征映射到各自的分类。本例中，分类的个数为 2：

```
class FullyConnectedModel(nn.Module):
    def __init__(self,in_size,out_size):
        super().__init__()
        self.fc = nn.Linear(in_size,out_size)

    def forward(self,inp):
        out = self.fc(inp)
        return out

fc_in_size = 8192

fc = FullyConnectedModel(fc_in_size,classes)
if is_cuda:
    fc = fc.cuda()
```

现在，我们已准备好训练新模型并验证数据集了。

7. 训练和验证模型

我们将使用从第 5 章中就一直使用的相同 `fit` 函数。为了节约空间，这里不再将该函数包含进来。下面是训练模型和展示结果的实现代码：

```
train_losses , train_accuracy = [],[]
val_losses , val_accuracy = [],[]
for epoch in range(1,10):
    epoch_loss, epoch_accuracy =
fit(epoch,fc,trn_feat_loader,phase='training')
    val_epoch_loss , val_epoch_accuracy =
fit(epoch,fc,val_feat_loader,phase='validation')
    train_losses.append(epoch_loss)
    train_accuracy.append(epoch_accuracy)
    val_losses.append(val_epoch_loss)
    val_accuracy.append(val_epoch_accuracy)
```

上述代码的运行结果如下：

```
#结果
training loss is 0.082 and training accuracy is 22473/23000      97.71
validation loss is   0.1 and validation accuracy is 1934/2000       96.7
training loss is  0.08 and training accuracy is 22456/23000      97.63
validation loss is  0.12 and validation accuracy is 1917/2000      95.85
```

```
training loss is 0.077 and training accuracy is 22507/23000      97.86
validation loss is   0.1 and validation accuracy is 1930/2000       96.5
training loss is 0.075 and training accuracy is 22518/23000       97.9
validation loss is 0.096 and validation accuracy is 1938/2000       96.9
training loss is 0.073 and training accuracy is 22539/23000       98.0
validation loss is   0.1 and validation accuracy is 1936/2000       96.8
training loss is 0.073 and training accuracy is 22542/23000      98.01
validation loss is 0.089 and validation accuracy is 1942/2000       97.1
training loss is 0.071 and training accuracy is 22545/23000      98.02
validation loss is  0.09 and validation accuracy is 1941/2000      97.05
training loss is 0.068 and training accuracy is 22591/23000      98.22
validation loss is 0.092 and validation accuracy is 1934/2000       96.7
training loss is 0.067 and training accuracy is 22573/23000      98.14
validation loss is 0.085 and validation accuracy is 1942/2000       97.1
```

从结果中可以看出，模型取得了 98%的训练准确率和 97%的验证准确率。我们来了解另一个现代架构，以及使用它计算预卷积特征并训练模型。

8.1.2　Inception

在我们看到的大多数计算机视觉模型使用的深度学习算法中，要么用了滤波器尺寸为 1×1、3×3、5×5、7×7 的卷积层，要么用了平面池化层。Inception 模块把不同滤波器尺寸的卷积组合在一起，并联合了所有的输出。图 8.3 清楚说明了 Inception 模型。

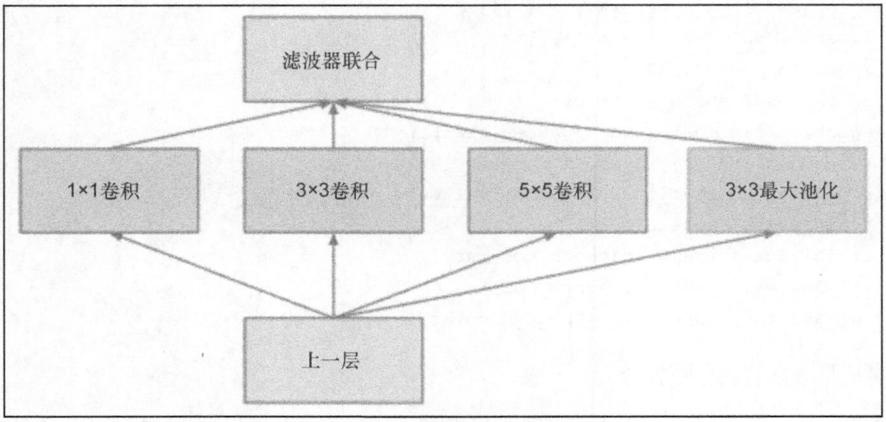

图 8.3

图 8.3 是 Inception 组合块的示意图，不同尺寸的卷积应用于输入，所有层的输出联合在一起。这是 Inception 模型的最简单的形式。Inception 块的另一个变体是，在传入 3×3

和 5×5 卷积前，先把输入传给 1×1 的卷积。1×1 的卷积用于降维处理。它有助于解决计算瓶颈。1×1 的卷积在同一时间不同通道只观察一个值。例如，在大小为 100×64×64 的输入上应用 10×1×1 的滤波器将变成 10×64×64。图 8.4 所示为降维处理的 Inception 块。

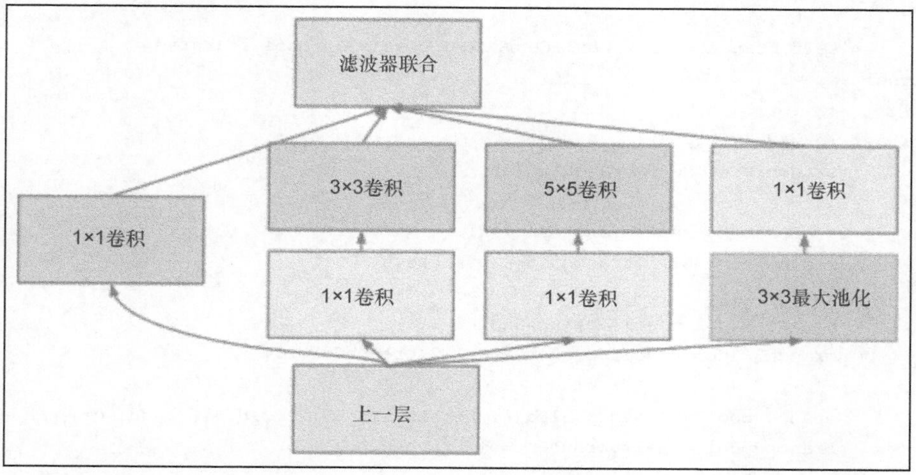

图 8.4

现在，看个前面的 Inception 块的实例：

```
class BasicConv2d(nn.Module):

    def __init__(self, in_channels, out_channels, **kwargs):
        super(BasicConv2d, self).__init__()
        self.conv = nn.Conv2d(in_channels, out_channels, bias=False,
**kwargs)
        self.bn = nn.BatchNorm2d(out_channels)

    def forward(self, x):
        x = self.conv(x)
        x = self.bn(x)
        return F.relu(x, inplace=True)


class InceptionBasicBlock(nn.Module):

    def __init__(self, in_channels, pool_features):
        super().__init__()
        self.branch1x1 = BasicConv2d(in_channels, 64, kernel_size=1)
```

```
        self.branch5x5_1 = BasicConv2d(in_channels, 48, kernel_size=1)
        self.branch5x5_2 = BasicConv2d(48, 64, kernel_size=5, padding=2)

        self.branch3x3dbl_1 = BasicConv2d(in_channels, 64, kernel_size=1)
        self.branch3x3dbl_2 = BasicConv2d(64, 96, kernel_size=3, padding=1)

        self.branch_pool = BasicConv2d(in_channels, pool_features,
kernel_size=1)

    def forward(self, x):
        branch1x1 = self.branch1x1(x)

        branch5x5 = self.branch5x5_1(x)
        branch5x5 = self.branch5x5_2(branch5x5)

        branch3x3dbl = self.branch3x3dbl_1(x)
        branch3x3dbl = self.branch3x3dbl_2(branch3x3dbl)

        branch_pool = F.avg_pool2d(x, kernel_size=3, stride=1, padding=1)
        branch_pool = self.branch_pool(branch_pool)

        outputs = [branch1x1, branch5x5, branch3x3dbl, branch_pool]
        return torch.cat(outputs, 1)
```

上面的代码包含两个类：BasicConv2d 和 InceptionBasicBlock。BasicConv2d 类似于自定义层，在流经的输入上应用了二维卷积层、批归一化和 ReLU 层。当有要重复使用的代码时，为了让代码看起来更简洁，最佳实践是创建一个新的层。

InceptionBasicBlock 实现了图 8.4 中的内容。让我们逐行查看代码，弄清楚它是如何实现的：

```
branch1x1 = self.branch1x1(x)
```

上面的代码通过应用 1×1 的卷积块把输入进行了转换。

```
branch5x5 = self.branch5x5_1(x)
branch5x5 = self.branch5x5_2(branch5x5)
```

上面的代码对输入应用了 1×1 的卷积块和 5×5 的卷积块进行了转换。

```
branch3x3dbl = self.branch3x3dbl_1(x)
branch3x3dbl = self.branch3x3dbl_2(branch3x3dbl)
```

上面的代码对输入应用了 1×1 的卷积块和 3×3 的卷积块进行了转换。

```
branch_pool = F.avg_pool2d(x, kernel_size=3, stride=1, padding=1)
branch_pool = self.branch_pool(branch_pool)
```

上面的代码中，应用了平均池化层和 1×1 卷积块，最后，把所有结果联合在一起。Inception 网络包含几个 Inception 块。图 8.5 所示为 Inception 架构的组成。

torchvision 包包含与 ResNet 使用方式相同的 Inception 网络。最初的 Inception 版本已经几经改善，PyTorch 可用的最新实现是 Inception V3。让我们看一下如何使用 torchvision 中的 Inception V3 计算预计算特征。我们将使用与 8.1.1 节相同的数据加载器，所以这里不再重复。这里将查看以下重要内容：

- 创建 Inception 模型；
- 使用 register_forward_hook 提取卷积特征；
- 为卷积特征创建新数据集；
- 创建全连接模型；
- 训练并验证模型。

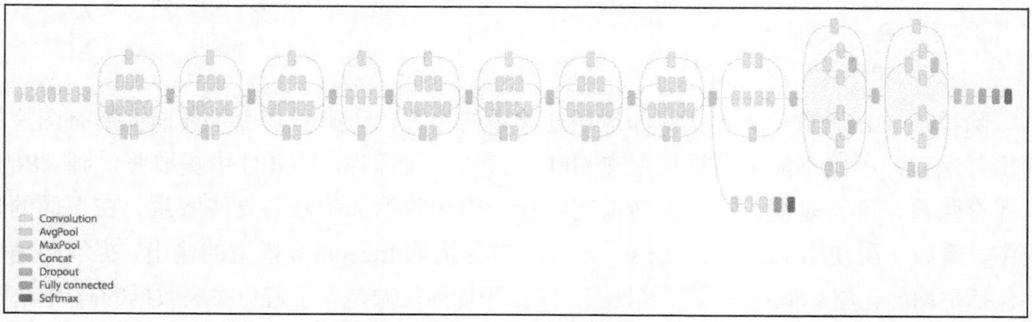

图 8.5　Inception 架构

1. 创建 Inception 模型

Inception V3 模型有两个分支，每个分支都会生成一个输出，在最初模型训练时，我们将像风格迁移中做的那样合并损失。到目前为止，我们感兴趣的是只使用 Inception 的一个分支计算预卷积特征。深入相关细节超出了本书的范畴，如果大家对工作原理感兴趣，想了解更多，可以查看 Inception 模型的论文和实现代码（https://github.com/pytorch/vision/blob/master/torchvision/models/inception.py）。我们可以通过把 aux_logits 参数设为 False 来禁用其中的一个分支。下面的代码演示了如何创建模型，并将 aux_logits 参数设为 False：

```
my_inception = inception_v3(pretrained=True)
my_inception.aux_logits = False
if is_cuda:
    my_inception = my_inception.cuda()
```

从 Inception 模型提取卷积特征并不简单，如同 ResNet，我们将使用 register_forward_hook 来提取激活值。

2. 使用 register_forward_hook 提取卷积特征

我们将使用风格迁移中计算激活函数的相同技术。下面的 LayerActivations 类进行了细微修改，因为我们更感兴趣的是只提取特定层的输出：

```
class LayerActivations():
    features=[]
    def __init__(self,model):
        self.features = []
        self.hook = model.register_forward_hook(self.hook_fn)
    def hook_fn(self,module,input,output):
        self.features.extend(output.view(output.size(0),-1).cpu().data)
    def remove(self):
        self.hook.remove()
```

除了 hook 函数，其他代码和风格迁移中的相关代码类似。由于要捕捉所有图片的输出并保存，因此不能把数据保留在 GPU 内存中。我们将从 GPU 中提取张量到 CPU，并保存张量，而不是变量。将其转换回张量，因为数据加载器只支持张量。在下面的代码中，最后一层使用 LayerActivations 对象提取 Inception 模型的输出，提取的输出不包括平均池化层、dropout 层和线性层。跳过平均池化层是为了避免丢失数据的有用信息：

```
# 创建 LayerActivations 对象，存储 inceptin 模型在特定层的输出。
trn_features = LayerActivations(my_inception.Mixed_7c)
trn_labels = []

# 将所有数据传入模型，作为副产物，输出将被保存保存到 LayerActivations 对象的特征列表。
for da,la in train_loader:
    _ = my_inception(Variable(da.cuda()))
    trn_labels.extend(la)
trn_features.remove()

#为验证数据集重复相同过程
```

```
val_features = LayerActivations(my_inception.Mixed_7c)
val_labels = []
for da,la in val_loader:
    _ = my_inception(Variable(da.cuda()))
    val_labels.extend(la)
val_features.remove()
```

下面创建新卷积特征需要的数据集和加载器。

3．为卷积特征创建新数据集

可以使用相同的 FeaturesDataset 类来创建新数据集和数据加载器。在下面的代码中，创建了数据集和加载器：

```
#为训练和验证数据集预计算特征的数据集

trn_feat_dset = FeaturesDataset(trn_features.features,trn_labels)
val_feat_dset = FeaturesDataset(val_features.features,val_labels)

#为训练和验证数据集预计算特征的数据加载器

trn_feat_loader = DataLoader(trn_feat_dset,batch_size=64,shuffle=True)
val_feat_loader = DataLoader(val_feat_dset,batch_size=64)
```

下面创建在预卷积特征上进行训练的新模型。

4．创建全连接模型

简单的模型可能在最后都会过拟合，因此我们在模型中加入 dropout。dropout 有助于避免过拟合问题。下面的代码创建了模型：

```
class FullyConnectedModel(nn.Module):
    def __init__(self,in_size,out_size,training=True):
        super().__init__()
        self.fc = nn.Linear(in_size,out_size)

    def forward(self,inp):
        out = F.dropout(inp, training=self.training)
        out = self.fc(out)
        return out

#选中的卷积特征的输出大小
fc_in_size = 131072

fc = FullyConnectedModel(fc_in_size,classes)
```

```
if is_cuda:
    fc = fc.cuda()
```

模型创建后，就可以进行训练了。

5. 训练并验证模型

我们使用与之前的 ResNet 及其他例子一样的 `fit` 方法和训练逻辑。我们只看训练部分的代码，以及它的输出结果：

```
for epoch in range(1,10):
    epoch_loss, epoch_accuracy =
fit(epoch,fc,trn_feat_loader,phase='training')
    val_epoch_loss , val_epoch_accuracy =
fit(epoch,fc,val_feat_loader,phase='validation')
    train_losses.append(epoch_loss)
    train_accuracy.append(epoch_accuracy)
    val_losses.append(val_epoch_loss)
    val_accuracy.append(val_epoch_accuracy)
```

```
#结果
training loss is 0.78 and training accuracy is 22825/23000 99.24
validation loss is 5.3 and validation accuracy is 1947/2000 97.35
training loss is 0.84 and training accuracy is 22829/23000 99.26
validation loss is 5.1 and validation accuracy is 1952/2000 97.6
training loss is 0.69 and training accuracy is 22843/23000 99.32
validation loss is 5.1 and validation accuracy is 1951/2000 97.55
training loss is 0.58 and training accuracy is 22852/23000 99.36
validation loss is 4.9 and validation accuracy is 1953/2000 97.65
training loss is 0.67 and training accuracy is 22862/23000 99.4
validation loss is 4.9 and validation accuracy is 1955/2000 97.75
training loss is 0.54 and training accuracy is 22870/23000 99.43
validation loss is 4.8 and validation accuracy is 1953/2000 97.65
training loss is 0.56 and training accuracy is 22856/23000 99.37
validation loss is 4.8 and validation accuracy is 1955/2000 97.75
training loss is 0.7 and training accuracy is 22841/23000 99.31
validation loss is 4.8 and validation accuracy is 1956/2000 97.8
training loss is 0.47 and training accuracy is 22880/23000 99.48
validation loss is 4.7 and validation accuracy is 1956/2000 97.8
```

通过观察结果可知，Inception 模型在训练集上达到的准确率是 99%，在验证集上达到的准确率是 97.8%。由于我们进行了预计算并把所有特征保留在了内存中，因此训练模型的时间只用了几分钟。如果大家在自己机器上运行程序时发生了内存溢出，那么可能无法将特征保留在内存中。

我们将学习另一个有趣的架构 DenseNet，它从去年开始变得非常流行。

8.2 稠密连接卷积网络（DenseNet）

一些成功并流行的体系结构，如 ResNet 和 Inception，表明了更深和更广的网络的重要性。ResNet 使用了捷径连接来搭建更深的网络。DenseNet 更进一步，它引入了每层与所有后续层的连接，即每一层都接收所有前置层的特征平面作为输入。公式表示如下：

$$X_l = H_l(x_0, x_1, x_2, \cdots x_{l-1})$$

图 8.6 所示为一个 6 层的稠密块。

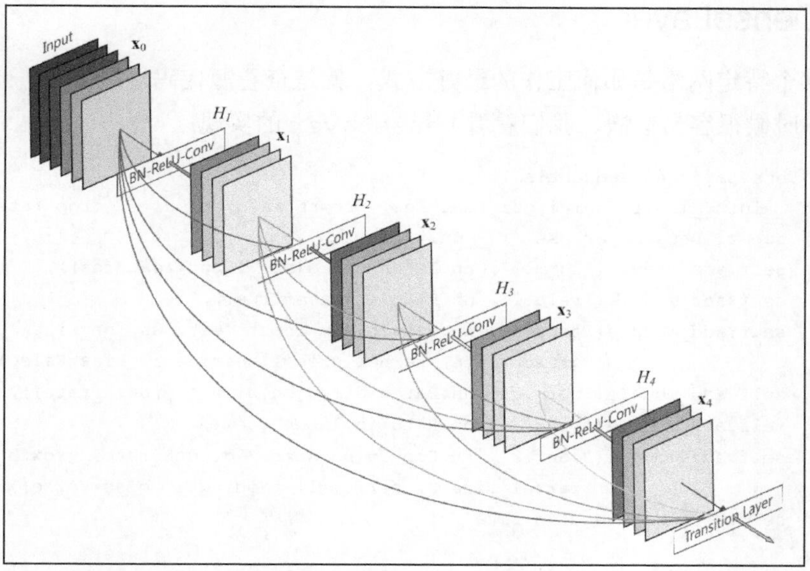

图 8.6

有一个 torchvision 的 DenseNet 实现(`https://github.com/pytorch/vision/blob/master/torchvision/models/densenet.py`)。让我们看下两个主要功能：`_DenseBlock` 和 `_DenseLayer`。

8.2.1 DenseBlock

让我们看一下 DenseBlock 的代码，然后再详细解释：

```
class _DenseBlock(nn.Sequential):
    def __init__(self, num_layers, num_input_features, bn_size,
growth_rate, drop_rate):
        super(_DenseBlock, self).__init__()
        for i in range(num_layers):
        layer = _DenseLayer(num_input_features + i * growth_rate, growth_rate, bn_size,
drop_rate)
        self.add_module('denselayer%d' % (i + 1), layer)
```

DenseBlock 是一个序列化模块，我们按顺序添加层。基于块中层的数量（num_layers），我们添加等同数量且附加了名字的_Denselayer 对象。所有的操作都发生在 DenseLayer 内部。看一下 DenseLayer 内部都有哪些操作。

8.2.2 DenseLayer

学习某个特定网络是如何工作的最好方式，就是查看源代码。PyTorch 的实现非常简洁，大多时候很容易读懂。我们看看 DenseLayer 的实现：

```
class _DenseLayer(nn.Sequential):
    def __init__(self, num_input_features, growth_rate, bn_size, drop_rate):
        super(_DenseLayer, self).__init__()
        self.add_module('norm.1', nn.BatchNorm2d(num_input_features)),
        self.add_module('relu.1', nn.ReLU(inplace=True)),
        self.add_module('conv.1', nn.Conv2d(num_input_features, bn_size *
                        growth_rate, kernel_size=1, stride=1, bias=False)),
        self.add_module('norm.2', nn.BatchNorm2d(bn_size * growth_rate)),
        self.add_module('relu.2', nn.ReLU(inplace=True)),
        self.add_module('conv.2', nn.Conv2d(bn_size * growth_rate, growth_rate,
                        kernel_size=3, stride=1, padding=1, bias=False)),
        self.drop_rate = drop_rate

    def forward(self, x):
        new_features = super(_DenseLayer, self).forward(x)
        if self.drop_rate > 0:
            new_features = F.dropout(new_features, p=self.drop_rate,
training=self.training)
        return torch.cat([x, new_features], 1)
```

如果大家不了解 Python 中的继承，前面的代码看起来可能并不易懂，_DenseLayer 是 nn.Sequential 的子类，我们看看每个方法内部的操作。

在__init__方法中，加入了输入数据需要传入的所有层。这和之前看到的其他网络结构非常类似。

关键操作在 forward 方法中，我们把输入传给 super 类 nn.Sequential 的 forward 方法。看一下序列化类（https://github.com/pytorch/pytorch/blob/409b1c8319ecde4bd62fcf98d0a6658ae7a4ab23/torch/nn/modules/container.py）的 forward 方法执行了哪些操作：

```
def forward(self, input):
    for module in self._modules.values():
        input = module(input)
return input
```

输入传入之前加入到序列块中的所有层，并把输出联合成输入。这个过程的重复次数等同于块中所需的层数。

在理解了 DenseNet 块的工作原理之后，我们看一下如何使用 DenseNet 计算预卷积特征，并在其上构建分类模型。从较高的角度看，DenseNet 的实现和 VGG 的实现类似。DenseNet 的实现也有一个卷积模块，它包含了所有的稠密构造块，以及一个分类器模块，分类器模块包含了所有的全连接模型。我们将经由以下步骤来构建模型。我们将略过与 Inception、ResNet 网络类似的部分，如创建数据加载器和数据集。同样，我们将详细讨论下列步骤。

- 创建 DenseNet 模型。
- 提取 DenseNet 特征。
- 创建数据集和加载器。
- 创建全连接模型并进行训练。

到现在为止，所有的代码都是简单易懂的。

1. 创建 DenseNet 模型

torchvision 提供了具有不同层选项（121、169、201、161）的预训练 DenseNet 模型，我们选择了 121 层的模型。前面讲到，DenseNet 包含两个模块：features（包含稠密构造块）和 classifier（全连接块）。由于我们使用 DenseNet 作为图片特征提取器，因此将只使用 features 模块：

```
my_densenet = densenet121(pretrained=True).features
if is_cuda:
    my_densenet = my_densenet.cuda()
```

```
for p in my_densenet.parameters():
    p.requires_grad = False
```

从图片中提取 DenseNet 特征。

2. 提取 DenseNet 特征

除了不使用 `register_forward_hook` 提取特征外，一切都和 Inception 类似。下面的代码说明了 DenseNet 特征是如何提取的：

```
#训练数据
trn_labels = []
trn_features = []

#为训练数据集存储 densenet 特征的代码
for d,la in train_loader:
    o = my_densenet(Variable(d.cuda()))
    o = o.view(o.size(0),-1)
    trn_labels.extend(la)
    trn_features.extend(o.cpu().data)

#验证数据
val_labels = []
val_features = []

#为验证数据集存储 densenet 特征的代码
for d,la in val_loader:
    o = my_densenet(Variable(d.cuda()))
    o = o.view(o.size(0),-1)
    val_labels.extend(la)
    val_features.extend(o.cpu().data)
```

上述代码和之前 Inception、ResNet 部分的代码类似。

3. 创建数据集和加载器

使用 ResNet 中创建过的同一 `FeaturesDataset` 类，为 `train` 和 `validation` 数据集创建数据加载器：

```
# 为训练和验证卷积特征创建数据集
trn_feat_dset = FeaturesDataset(trn_features,trn_labels)
val_feat_dset = FeaturesDataset(val_features,val_labels)

#为批量化训练和验证数据集创建数据加载器
trn_feat_loader =
```

```
DataLoader(trn_feat_dset,batch_size=64,shuffle=True,drop_last=True)
val_feat_loader = DataLoader(val_feat_dset,batch_size=64)
```

准备创建模型并进行训练。

4. 创建全连接模型并进行训练

使用与 Inception、ResNet 中相似的简单线性模型。下面的代码展示了用于训练模型的网络结构：

```
class FullyConnectedModel(nn.Module):
    def __init__(self,in_size,out_size):
        super().__init__()
        self.fc = nn.Linear(in_size,out_size)

    def forward(self,inp):
        out = self.fc(inp)
        return out

fc = FullyConnectedModel(fc_in_size,classes)
if is_cuda:
    fc = fc.cuda()
```

使用相同的 `fit` 方法训练上面的模型。下面给出了训练代码以及结果：

```
train_losses , train_accuracy = [],[]
val_losses , val_accuracy = [],[]
for epoch in range(1,10):
    epoch_loss, epoch_accuracy =
fit(epoch,fc,trn_feat_loader,phase='training')
    val_epoch_loss , val_epoch_accuracy =
fit(epoch,fc,val_feat_loader,phase='validation')
    train_losses.append(epoch_loss)
    train_accuracy.append(epoch_accuracy)
    val_losses.append(val_epoch_loss)
    val_accuracy.append(val_epoch_accuracy
```

上述代码的结果如下：

```
# 结果
training loss is 0.057 and training accuracy is 22506/23000 97.85
validation loss is 0.034 and validation accuracy is 1978/2000 98.9
training loss is 0.0059 and training accuracy is 22953/23000 99.8
validation loss is 0.028 and validation accuracy is 1981/2000 99.05
training loss is 0.0016 and training accuracy is 22974/23000 99.89
```

```
validation loss is 0.022 and validation accuracy is 1983/2000 99.15
training loss is 0.00064 and training accuracy is 22976/23000 99.9
validation loss is 0.023 and validation accuracy is 1983/2000 99.15
training loss is 0.00043 and training accuracy is 22976/23000 99.9
validation loss is 0.024 and validation accuracy is 1983/2000 99.15
training loss is 0.00033 and training accuracy is 22976/23000 99.9
validation loss is 0.024 and validation accuracy is 1984/2000 99.2
training loss is 0.00025 and training accuracy is 22976/23000 99.9
validation loss is 0.024 and validation accuracy is 1984/2000 99.2
training loss is 0.0002 and training accuracy is 22976/23000 99.9
validation loss is 0.025 and validation accuracy is 1985/2000 99.25
training loss is 0.00016 and training accuracy is 22976/23000 99.9
validation loss is 0.024 and validation accuracy is 1986/2000 99.3
```

上述算法可以在训练集上达到最高 99%的准确率，在验证集上达到最高 99%的准确率。由于创建的验证数据集中的图片可能有所不同，所以大家得到的结果也可能有些差别。

DenseNet 的要点包括：

- 极大地减少了需要训练的参数个数；
- 缓解了梯度消失问题；
- 增加了特征的复用。

在下一节中，将探讨如何使用 ResNet、Inception 和 DenseNet 这些不同的模型，构建这样一个模型，它将计算的卷积特征结合在一起。

8.3　模型集成

有时需要将多个模型组合成一个功能更加强大的模型。有许多技术可用于集成新模型。本节中，将学习使用 3 个不同模型（ResNet、Inception 和 DenseNet）生成的特征来联合输出。我们将使用本章中其他例子用到的相同数据集。

集成模型的架构图如图 8.7 所示。

图 8.7 所示为集成模型时的操作，可以总结成如下步骤。

1. 创建 3 种模型。
2. 使用创建的模型提取图片特征。
3. 创建返回 3 种模型特征和标签的自定义数据集。

4．创建和图 8.7 类似的架构。

5．训练和验证模型。

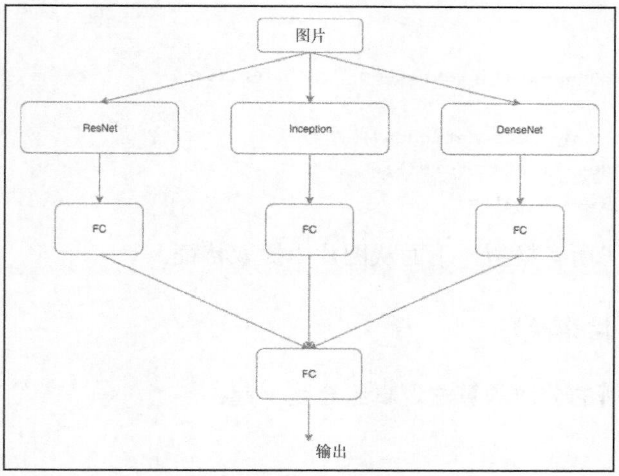

图 8.7

我们将详细探讨每一个步骤。

8.3.1 创建模型

使用下面的代码创建 3 种所需的模型：

```
#创建 ResNet 模型
my_resnet = resnet34(pretrained=True)

if is_cuda:
    my_resnet = my_resnet.cuda()

my_resnet = nn.Sequential(*list(my_resnet.children())[:-1])

for p in my_resnet.parameters():
    p.requires_grad = False

#创建 Inception 模型

my_inception = inception_v3(pretrained=True)
my_inception.aux_logits = False
if is_cuda:
```

```
    my_inception = my_inception.cuda()
for p in my_inception.parameters():
    p.requires_grad = False

#创建 DenseNet 模型

my_densenet = densenet121(pretrained=True).features
if is_cuda:
    my_densenet = my_densenet.cuda()
for p in my_densenet.parameters():
    p.requires_grad = False
```

我们已经创建了所有模型，下面从图片中提取特征。

8.3.2　提取图片特征

这里把本章讲解的分散的算法逻辑组合到一起：

```
### ResNet

trn_labels = []
trn_resnet_features = []
for d,la in train_loader:
    o = my_resnet(Variable(d.cuda()))
    o = o.view(o.size(0),-1)
    trn_labels.extend(la)
    trn_resnet_features.extend(o.cpu().data)
val_labels = []
val_resnet_features = []
for d,la in val_loader:
    o = my_resnet(Variable(d.cuda()))
    o = o.view(o.size(0),-1)
    val_labels.extend(la)
    val_resnet_features.extend(o.cpu().data)

### Inception

trn_inception_features = LayerActivations(my_inception.Mixed_7c)
for da,la in train_loader:
    _ = my_inception(Variable(da.cuda()))

trn_inception_features.remove()

val_inception_features = LayerActivations(my_inception.Mixed_7c)
for da,la in val_loader:
```

```
    _ = my_inception(Variable(da.cuda()))

val_inception_features.remove()

### DenseNet

trn_densenet_features = []
for d,la in train_loader:
    o = my_densenet(Variable(d.cuda()))
    o = o.view(o.size(0),-1)
    trn_densenet_features.extend(o.cpu().data)

val_densenet_features = []
for d,la in val_loader:
    o = my_densenet(Variable(d.cuda()))
    o = o.view(o.size(0),-1)
    val_densenet_features.extend(o.cpu().data)
```

到现在为止，我们使用所有的模型创建了图片特征。如果大家遇到了内存问题，可以去掉一个模型，或者不再把特征存储到内存中，不过这样会减缓训练速度。如果在CUDA 实例上运行，可以尝试更强大一些的集成模型。

8.3.3 创建自定义数据集和数据加载器

由于开发 FeaturesDataset 类的目的只是从一个模型中提取输出，所以这里不能再用这个类。下面的实现对 FeaturesDataset 类进行了轻微修改，使其可以容纳 3 个模型生成的特征：

```
class FeaturesDataset(Dataset):
    def __init__(self,featlst1,featlst2,featlst3,labellst):
        self.featlst1 = featlst1
        self.featlst2 = featlst2
        self.featlst3 = featlst3
        self.labellst = labellst
    def __getitem__(self,index):
        return
(self.featlst1[index],self.featlst2[index],self.featlst3[index], self.labellst
[index])
    def __len__(self):
        return len(self.labellst)

trn_feat_dset =
FeaturesDataset(trn_resnet_features,trn_inception_features.features,trn_den
```

```
senet_features,trn_labels)
val_feat_dset =
FeaturesDataset(val_resnet_features,val_inception_features.features,val_den
senet_features,val_labels)
```

我们对__init__方法做了修改，以保存不同模型生成的所有特征，__getitem__方法用于获取特征和某张图片的标签。我们使用 FeatureDataset 类创建了验证数据和测试数据的数据集实例。数据集创建后，可以使用相同的数据加载器对数据批量化处理，如下面的代码所示：

```
trn_feat_loader = DataLoader(trn_feat_dset,batch_size=64,shuffle=True)
val_feat_loader = DataLoader(val_feat_dset,batch_size=64)
```

8.3.4　创建集成模型

我们要创建一个和图 8.7 类似的模型。下面是实现代码：

```
class EnsembleModel(nn.Module):
    def __init__(self,out_size,training=True):
        super().__init__()
        self.fc1 = nn.Linear(8192,512)
        self.fc2 = nn.Linear(131072,512)
        self.fc3 = nn.Linear(82944,512)
        self.fc4 = nn.Linear(512,out_size)

    def forward(self,inp1,inp2,inp3):
        out1 = self.fc1(F.dropout(inp1,training=self.training))
        out2 = self.fc2(F.dropout(inp2,training=self.training))
        out3 = self.fc3(F.dropout(inp3,training=self.training))
        out = out1 + out2 + out3
        out = self.fc4(F.dropout(out,training=self.training))
        return out

em = EnsembleModel(2)
if is_cuda:
    em = em.cuda()
```

在上述代码中，创建了从不同模型接受生成特征的 3 个线性层。我们把这 3 个线性层的输出相加，并传入另一个线性层，这个线性层把它们映射到需要的类别。为了防止模型过拟合，这里使用了 dropout。

8.3.5 训练和验证模型

为了容纳数据加载器生成的 3 组输入值，需要对 fit 方法做出轻微修改。下面是修改后的代码：

```
def fit(epoch,model,data_loader,phase='training',volatile=False):
    if phase == 'training':
        model.train()
    if phase == 'validation':
        model.eval()
        volatile=True
    running_loss = 0.0
    running_correct = 0
    for batch_idx , (data1,data2,data3,target) in enumerate(data_loader):
        if is_cuda:
            data1,data2,data3,target =
data1.cuda(),data2.cuda(),data3.cuda(),target.cuda()
        data1,data2,data3,target =
Variable(data1,volatile),Variable(data2,volatile),Variable(data3,volatile),
Variable(target)
        if phase == 'training':
            optimizer.zero_grad()
        output = model(data1,data2,data3)
        loss = F.cross_entropy(output,target)
        running_loss +=
F.cross_entropy(output,target,size_average=False).data[0]
        preds = output.data.max(dim=1,keepdim=True)[1]
        running_correct += preds.eq(target.data.view_as(preds)).cpu().sum()
        if phase == 'training':
            loss.backward()
            optimizer.step()
    loss = running_loss/len(data_loader.dataset)
    accuracy = 100. * running_correct/len(data_loader.dataset)
    print(f'{phase} loss is {loss:{5}.{2}} and {phase} accuracy is
{running_correct}/{len(data_loader.dataset)}{accuracy:{10}.{4}}')
    return loss,accuracy
```

从上面的代码中可以看出，除了加载器返回了 3 组输入和一个标签外，大部分代码都相同。因而，我们修改了函数中的代码，上述代码看起来简单易懂。

下面是用于训练的代码：

```
train_losses , train_accuracy = [],[]
val_losses , val_accuracy = [],[]
```

```
for epoch in range(1,10):
    epoch_loss, epoch_accuracy =
fit(epoch,em,trn_feat_loader,phase='training')
val_epoch_loss , val_epoch_accuracy =
fit(epoch,em,val_feat_loader,phase='validation')
    train_losses.append(epoch_loss)
    train_accuracy.append(epoch_accuracy)
    val_losses.append(val_epoch_loss)
    val_accuracy.append(val_epoch_accuracy)
```

上述代码的结果如下：

```
#结果

training loss is 7.2e+01 and training accuracy is 21359/23000 92.87
validation loss is 6.5e+01 and validation accuracy is 1968/2000 98.4
training loss is 9.4e+01 and training accuracy is 22539/23000 98.0
validation loss is 1.1e+02 and validation accuracy is 1980/2000 99.0
training loss is 1e+02 and training accuracy is 22714/23000 98.76
validation loss is 1.4e+02 and validation accuracy is 1976/2000 98.8
training loss is 7.3e+01 and training accuracy is 22825/23000 99.24
validation loss is 1.6e+02 and validation accuracy is 1979/2000 98.95
training loss is 7.2e+01 and training accuracy is 22845/23000 99.33
validation loss is 2e+02 and validation accuracy is 1984/2000 99.2
training loss is 1.1e+02 and training accuracy is 22862/23000 99.4
validation loss is 4.1e+02 and validation accuracy is 1975/2000 98.75
training loss is 1.3e+02 and training accuracy is 22851/23000 99.35
validation loss is 4.2e+02 and validation accuracy is 1981/2000 99.05
training loss is 2e+02 and training accuracy is 22845/23000 99.33
validation loss is 6.1e+02 and validation accuracy is 1982/2000 99.1
training loss is 1e+02 and training accuracy is 22917/23000 99.64
validation loss is 5.3e+02 and validation accuracy is 1986/2000 99.3
```

集成模型达到了 99.6%的训练准确率和 99.3%的验证准确率。尽管集成模型非常强大，但计算成本却很昂贵。当解决如 Kaggle 上的竞赛问题时，可以使用这种技术。

8.4 encoder-decoder 架构

本书中几乎所有的深度学习算法都擅长将训练数据映射成对应的标签。这类模型不能用于从一个序列学习然后生成另一个序列或图片的任务。例如下面这些应用：

- 语言翻译；

- 图像标注；
- 图像生成（seq2img）；
- 语音识别；
- 问题回答。

这些问题大多可以看成是序列到序列的映射，可以用称为 encoder–decoder 架构的架构族群解决。本节将学习这些架构的原理。我们不会关注这些网络的实现，因为那将涉及太多细节。

从较高的角度看，一个 encoder–decoder 架构如图 8.8 所示。

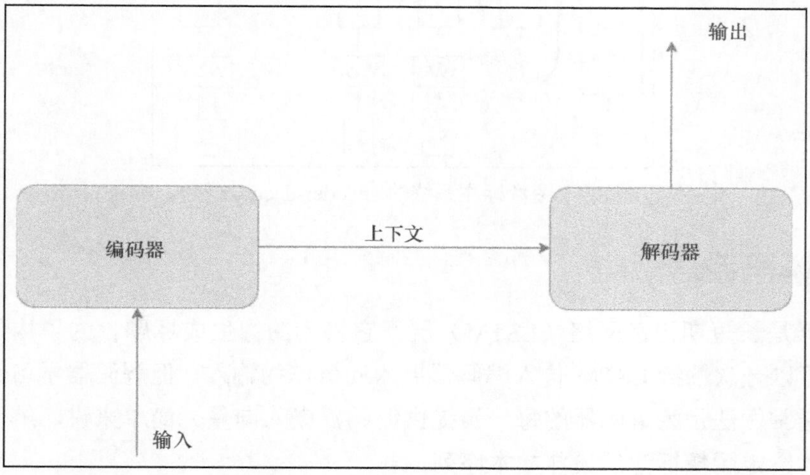

图 8.8

编码器（encoder）通常是一个循环神经网络（RNN）（对序列化数据而言）或卷积网络（CNN）（对图像而言），它接受一张图片或一个序列作为输入，并转换成编码了所有信息的固定长度的向量。解码器（decoder）是另外一个 RNN 或 CNN，学习如何解码编码器生成的向量，从而生成新的数据序列。图 8.9 所示为图像标注系统的 encoder–decoder 架构。

下面将详细了解图像标注系统的编码器和解码器的内部构造。

8.4.1　编码器

对图像标注系统，我们更倾向于使用已训练的架构如 ResNet 或 Inception 从图片中提取特征。如同集成模型一样，可以使用线性层输出固定的向量长度，并让线性层可训练。

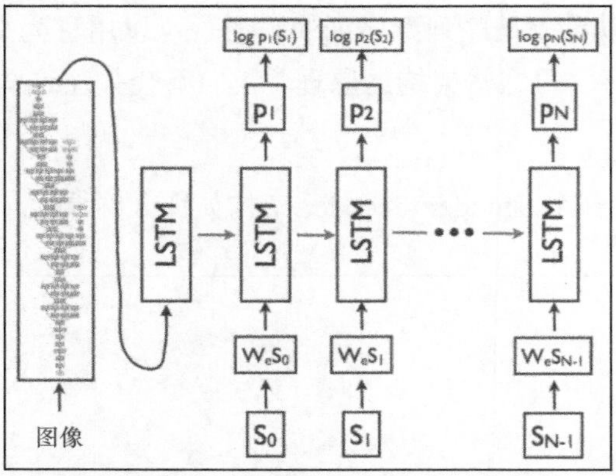

图 8.9　图像标注系统的 encoder-decoder 架构

8.4.2　解码器

解码器是长短期记忆网络（LSTM）层，它将为图像生成标题。为了构建一个简单的模型，可以一次性给 LSTM 传入编码器嵌入向量作为输入，但解码器学习起来就会非常困难，通常做法是为解码器的每一步提供编码器嵌入向量。简单来讲，解码器学习生成用来描述给定图像标注的最佳文本序列。

8.5　小结

本章探讨了一些现代的架构，如 ResNet、Inception 和 DenseNet，还讲解了如何使用这些模型进行迁移学习和集成，并介绍了 encoder–decoder 结构，它可用于很多系统，如语言翻译系统等。

下一章将总结本书学习了哪些内容，并讨论读者今后可以关注的方向。下一章将介绍大量 PyTorch 相关的资源，以及使用 PyTorch 创建或研究中的一些非常有趣的深度学习项目。

第 9 章
未来走向

感谢大家阅读到本书的最后一章！大家对使用 PyTorch 构建深度学习应用的核心机制和应用程序接口应该有了坚实的了解。现在应该可以轻松将所有的基础知识用到现今大多数深度学习算法上。

9.1 未来走向

本章将总结已学过的内容，并进一步探讨不同的项目和资源。这些项目和资源将帮助大家进一步跟上最新的研究成果。

9.2 回顾

本节对本书所讲内容进行了高度概括。

- 人工智能和机器学习的历史——硬件和算法的发展如何引发了深度学习在不同应用实现上的巨大成功。
- 如何使用 PyTorch 的多种构造块，如变量、张量和 `nn.module`，来开发神经网络。
- 理解训练神经网络涉及的不同处理，如使用 PyTorch 数据集进行数据准备，使用数据加载器对张量分批，使用 `torch.nn` 包创建网络结构，以及使用 PyTorch 的损失函数和优化器。
- 了解了不同类型的机器学习问题，以及伴随的挑战，如过拟合和欠拟合。也学习了不同的技术，如数据增强、添加 dropout，以及使用批归一化避免过拟合问题。

- 学习了卷积神经网络（CNN）的不同构造块，并了解了有助于使用预训练模型的迁移学习。还学习了可以减少训练模型所需时间的技术，如使用预卷积特征等。
- 了解了词向量以及如何将其用于文本分类问题。也知道了如何使用预训练的词向量。介绍了循环神经网络（RNN）和它的变体长短期记忆网络（LSTM），以及如何使用它们解决文本分类问题。
- 学习了生成模型以及如何使用 PyTorch 创建艺术风格迁移作品，如何使用生成对抗网络（GAN）创建新的 CIFAR 图片。还了解了用于创建新文本或创建特定领域词向量的语言建模技术。
- 介绍了现代的网络架构，如 ResNet、Inception、DenseNet 和 encode-decoder 等。知道了如何使用这些模型进行迁移学习。还通过组合多种模型构建了集成模型。

9.3　有趣的创意应用

本书讲解的大多数概念构成了现代深度学习应用的基础。本节将介绍和计算机视觉以及自然语言处理相关的不同且有趣的项目。

9.3.1　对象检测

本书给出的所有例子都是帮助大家检测图片中的对象是猫还是狗。然而，为了解决真实世界中遇到的问题，可能需要识别图形中的不同对象部分。

图 9.1 所示为对象检测算法的输出，对象检测算法可以检测诸如一只漂亮的猫和狗这样的对象。就如图片分类有现成的算法一样，也存在很多可帮助构建对象识别系统的优秀算法。这里列出了其中的一些重要算法。

- 单次多盒检测器（Single Shot Multibox Detector，SSD）。
- Faster RCNN。
- YOLO2。

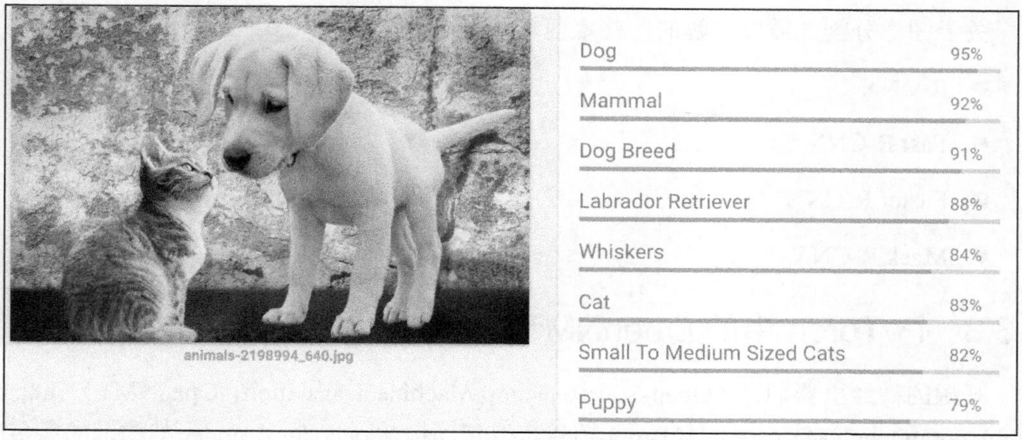

图 9.1 对象检测算法的输出

9.3.2 图像分割

假设大家在一座大厦的露台上阅读本书，你能在周围看到些什么？可以画出看到的画面吗？如果你是位好画家，则很可能可以画出几栋建筑、树木、鸟和周围一些更有趣的东西。图像分割算法所做的事情与此类似。给定一张图片，它们为每个像素生成预测，识别它属于哪一个类别。图 9.2 所示为图像分割算法识别出的内容。

图 9.2 图像分割算法的输出

关于图像分割，需要了解的一些重要算法有下面这些。

- R-CNN
- Fast R-CNN
- Faster R-CNN
- Mask R-CNN

9.3.3 PyTorch 中的 OpenNMT

开源的神经机器翻译（Open-Source Neural Machine Translation，OpenNMT）（https://github.com/OpenNMT/OpenNMT-py）项目可以帮助构建 encoder-decoder 架构上的很多应用。可以构建的一些应用包括翻译系统、文本摘要和图像转文本等。

9.3.4 Allen NLP

Allen NLP 是在 PyTorch 上搭建的开源项目，可以使用户更加容易地完成很多自然语言处理任务。关于使用 Allen NLP 可以构建哪些应用，可以在 Allen NLP 的官网上点击 VIEW DEMO 查看。

9.3.5 fast.ai——神经网络不再神秘

我最喜欢的学习深度学习的地方之一，也是我获得很多灵感的地方，是一个网络公开课（MOOC），它的唯一动机是使所有人都能理解深度学习。这一 MOOC 由来自 fast.ai（`http://www.fast.ai/`）的 Jeremy Howard 和 Rachel Thomas 这两位出色的导师组织。在课程的新版本中，他们在 PyTorch 上构建了一个出色的框架（`https://github.com/Quickai/Quickai`），使得构建应用程序变得更加容易和快捷。如果大家还没有接触过他们的课程，强烈建议开始学习。通过探索 fast.ai 框架是如何构建的，可以深入了解许多强大的技术。

9.3.6 Open Neural Network Exchange

Open Neural Network Exchange（ONNX）是迈向开放生态系统的第一步，该生态系统使用户能够随着项目的发展选择正确的工具。ONNX 为深度学习模型提供了一种开源格式。它定义了一个可扩展的计算图形模型，以及内置的操作符和标准数据类型。Caffe2、PyTorch、微软认知工具包（Microsoft Cognitive Toolkit）、Apache MXNet 和其他工具正在开发对 ONNX 的支持。

9.4 如何跟上前沿

社交媒体平台，特别是 Twitter，可以让大家了解关注内容的最新动态。你可以关注很多人。如果不确定从哪里开始，建议在 Twitter 上关注 Jeremy Howard 以及他可能关注的一些有趣的人。这样，Twitter 的推荐系统就可以为你生效了。

另一个需要关注的是 PyTorch 在 Twitter 上的账号。PyTorch 的开发人员有很多精彩的内容分享。

如需寻找研究论文，可看一下 arxiv-sanity，这里有很多相关的论文。

有关学习 PyTorch 的更多资源，可以参考它的指南（`http://pytorch.org/tutorials/`）、源代码（`https://github.com/pytorch/pytorch`）以及文档（`http://pytorch.org/docs/0.3.0/`）。

9.5 小结

深度学习和 PyTorch 还有更多需要学习的。PyTorch 是一个相对较新的框架，在写作本章时，PyTorch 问世只有一年时间。还有更多需要学习和探索的，快乐学习吧。祝大家学习顺利！